数字生活轻松入门

处理数码照片

晶辰创作室　王　冠　胡　法　编著

科学普及出版社

·北　京·

图书在版编目（CIP）数据

处理数码照片 / 晶辰创作室，王冠，胡法编著. --北京：科学普及出版社，2020.6

（数字生活轻松入门）

ISBN 978-7-110-09637-6

Ⅰ. ①处… Ⅱ. ①晶… ②王… ③胡… Ⅲ. ①图象处理软件 Ⅳ. ①TP391.413

中国版本图书馆 CIP 数据核字（2017）第 181276 号

策划编辑 徐扬科
责任编辑 王 珅
封面设计 中文天地 宋英东
责任校对 焦 宁
责任印制 徐 飞

出 版 科学普及出版社
发 行 中国科学技术出版社有限公司发行部
地 址 北京市海淀区中关村南大街 16 号
邮 编 100081
发行电话 010－62173865
传 真 010－62173081
网 址 http://www.cspbooks.com.cn

开 本 710 mm ×1000 mm 1/16
字 数 196 千字
印 张 10
版 次 2020 年 6 月第 1 版
印 次 2020 年 6 月第 1 次印刷
印 刷 北京博海升彩色印刷有限公司
书 号 ISBN 978-7-110-09637-6/TP・233
定 价 48.00 元

“数字生活轻松入门”丛书编委会

前 言

随着信息化时代建设步伐的不断加快，互联网及互联网相关产业以迅猛的速度发展起来。短短的二十几年，个人电脑由之前的奢侈品变为现在的必备家电，电脑价格也从上万元降到现在的三四千元，网络宽带已经连接到千家万户，包月上网费用从前些年的一百五六十元降到现在的五六十元。可以说电脑和互联网这些信息时代的工具已经真正进入寻常百姓之家了，并对人们日常生活的方方面面产生了深刻的影响。

电脑与互联网及其伴生的小兄弟智能手机——也可以认为它是手持的小电脑，正在成为我们生活中不可或缺的元素，曾经的“你吃了吗”的问候变成了“今天发微信了吗”；小朋友之间闹别扭的台词也从“不和你玩了”变成了“取消关注”；“余额宝的利息今天怎么又降了”俨然成了一些时尚大妈的揪心话题……

因我们的丛书主要介绍电脑与互联网知识的使用，这里且容略去与智能手机有关的表述。那么，电脑与互联网的用途和影响到底有多大？让我们随意截取几个生活中的侧影来感受一下吧！

我们可以通过电脑和互联网即时通信软件与他人沟通和

交流，不管你的朋友是在你家隔壁还是在地球的另一端，他（她）的文字、声音、容貌都可以随时在你眼前呈现。在互联网世界里，没有地理的概念。

电子邮件、博客、播客、威客、BBS……互联网为我们提供了充分展示自己的平台，每个人都可以通过文字、声音、影像表达自己的观点，探求事情的真相，与朋友分享自己的喜怒哀乐。互联网就是这样一个完全敞开的世界，人与人的交流没有界限。

或许往日平淡无奇的日常生活使我们丧失了激情，现在就让电脑和互联网来把热情重新点燃吧。

你可以凭借一些流行的图像处理软件制作出具有专业水准的艺术照片，让每个人都欣赏你的风采；你也可以利用数字摄像设备和强大的软件编辑工具记录你生活的点点滴滴，让岁月不再了无印迹。网络上有着极其丰富的影音资源：你可以下载动听的音乐，让美妙的乐声给你带来一处闲适的港湾；你也可以在劳累一天离开纷扰的职场后，回到家里第一时间打开电脑，投入到喜爱的热播电视剧中，把工作和生活的烦恼一股脑儿地抛在身后。哪怕你是一个离群索居之人，电脑和网络也不会让你形单影只，你可以随时走进网上的游戏大厅，那里永远会有愿意与你一同打发寂寞时光的陌生朋友。

当然，电脑和互联网不仅能给我们带来这些精神上的慰藉，还能给我们带来丰厚的物质褒奖。

有空儿到购物网站上去淘淘宝贝吧，或许你心仪已久的宝贝正在打着低低的折扣呢，轻点几下鼠标，就能让你省下一大笔钱！如果你工作繁忙，好久没有注意自己的生活了，那就犒劳一下自己吧！但别急着冲进饭店，大餐的价格可是不菲呀。到网上去团购一张打折券，约上三五好友，尽兴而归，也不过两三百元。

或许对某些雄心勃勃的人士来说就这么点儿物质褒奖还远远不够——我要开网店，自己当老板，实现人生的财富梦想！的确，网上开放式的交易平台让创业更加灵活便捷，相对实体店铺，省去了高额的店铺租金，况且不受地域及营业时间限制，你可以在24小时内把商品卖到全中国乃至世界各地！只要你有眼光、有能力、有毅力，相信实现这一梦想并非遥不可及！

利用电脑和互联网可以做的事情还有太多太多，实在无法一一枚举，但仅仅这几个方面就足以让人感到这股数字化、信息化的发展潮流正在使我们的世界发生着巨大的改变。

为了帮助更多的人更好更快地融入这股潮流，2009年在科学普及出版社的鼓励与支持下，我们编写出版了“热门电脑丛书”，得到了市场较好的认可。考虑到距首次出版已有十年时间，很多软件工具和网站已经有所更新或变化，一些新的热点正在社会生活中产生着较大影响，为了及时反映这些新变化，我们在丛书成功出版的基础上对一些热点板块进行了重新修订和补充，以方便读者的学习和使用。

在此次修订编写过程中，我们秉承既往的理念，以提高生活情趣、开拓实际应用能力为宗旨，用源于生活的实际应用作为具体的案例，尽量用最简单的语言阐明相关的原理，用最直观的插图展示其中的操作奥妙，用最经济的篇幅教会你一项电脑技能，解决一个实际问题，让你在掌握电脑与互联网知识的征途中有一个好的起点。

晶辰创作室

目录

第一章　数码相机和数码照片入门......1

数码相机的优势......2

数码相机的分类......6

光圈、快门、感光度及曝光......8

数码照片中的像素和分辨率......14

数码照片的图像处理要素......18

常见的存储格式及介质......20

第二章　神奇的《光影魔术手》......25

认识和安装《光影魔术手》......26

熟悉《光影魔术手》......31

扶正倾斜的照片......33

修复失焦和偏色的照片......36

处理曝光缺陷的照片......39

改变照片的大小......41

处理背景杂乱的照片......43

一键设置，省心省事......45

第三章　人像美化　功能实用......51

人像美容——去红眼......52

人像美容——去斑点、去痘痘......54

人像美容——细化、美白皮肤......56

人像美容——修正照片黄色......57

人像特效——黑白、反转片效果......59

人像特效——影楼风格效果......62

人像特效——绘画效果、雾都模式......64

人像特效——LOMO 风格......68

人像特效——旧像效果......70

实用功能——制作证件照......71
第四章　后期特效　锦上添花......77
水彩画和油画效果......78
秋意照片效果......80
给照片添加装饰边框之一......82
给照片添加装饰边框之二......83
给照片添加标签和水印......89
自动处理照片......91
多图批量处理......93
制作多图组合照片......94
第五章　照片管理软件——Picasa......101
Picasa 3 安装指南......102
Picasa 3 界面简介......105
快速浏览数码照片......110
创建即时相册......114
管理相册......117
快速查找指定照片......121
快速导入照片......129
第六章　欣赏成果　共享美图......131
打印输出照片......132
快速导出照片......136
幻灯播放效果......138
电影播放效果......140
用电子邮件发送照片......142
制作网络相册......145

随着数码相机的普及、网络的发达，数码照片由于其快捷、便利、成本低以及灵活等特点被越来越多的人所喜爱。然而，大多数人对数码相机和数码照片的成像原理还不是十分了解，本章将介绍一些与数码照片相关的入门知识，包括数码相机的重要元件和术语等。了解它们能够帮助我们在使用数码相机时充分地发挥它的最大功能，从而拍摄出更加优质的照片。

另外，掌握数码照片的基本相关原理是处理数码照片的重要前提，能让我们更加准确地判断应该用哪种方法才能在最大限度地保证照片质量的基础上完成对照片的处理，不走或少走弯路。只有明白了原理，才能在实际应用中游刃有余。

第一章

数码相机和数码照片入门

本章学习目标

◇ 数码相机的优势

了解数码相机和传统相机的区别以及数码相机的优势。

◇ 数码相机的分类

了解数码相机的分类，选择适合自己的相机。

◇ 光圈、快门、感光度及曝光

学习摄影的基础知识，了解如何拍出优质的照片。

◇ 数码照片中的像素和分辨率

简要介绍像素和分辨率原理。

◇ 数码照片的图像处理要素

介绍照片的饱和度、对比度、色调及亮度的调节原理。

◇ 常见的存储格式及介质

介绍数码照片的存储格式及存储介质。

数码相机的优势

数码相机也叫数字式相机，英文全称 Digital Camera，简称 DC。数码相机是集光学、机械、电子一体化的产品。它集成了影像信息的转换、存储和传输等部件，具有数字化存取模式、与电脑交互处理和实时拍摄等特点。传统相机使用胶卷作为记录信息的载体，而数码相机的胶卷就是其成像感光器件，且是与相机一体的。

那么相对于传统相机而言，数码相机有哪些优势和特点呢？这里我们不妨来略做一点比较和介绍。

数码相机与传统的胶片相机如果仅从外观上看，两者区别似乎并不大，只是大部分数码相机都有一个液晶显示屏，而在传统相机则少见，如图 1-1 所示。数码相机的结构和胶片相机基本相同，包括机身、镜头、取景器、聚焦机构、光圈和快门机构。图 1-2 所示是佳能 EOS 20D 型数码相机。

数码相机

传统相机

图 1-1　数码相机和传统相机的外形对比

然而，与传统胶片相机相比数码相机有其自身的优势。它使用可擦写的微型介质存储图像，就好像是用上了可反复使用的胶卷，可以随心所欲地取舍每个拍摄瞬间。也就是说，只要你拥有足够的存储空间，想拍多少张都可以，不再需要考虑更换或购买胶卷了。当然，数码相机更大的优势是拍摄结果立即可见，不必像过去那样只有冲洗后才能知道拍摄的效果。

另外和传统相机相比，它的制作工艺、拍摄效果、存储介质和输出方式等都有很大的区别。

图 1-2　Canon EOS 20D 的结构示意图

数码相机比胶片相机多了两个部件，分别是 CCD（或者是 CMOS）和 LCD 液晶屏。

● CCD

CCD，是英文 Charge Coupled Device 的缩写，即电荷耦合器件的缩写，它是一种特殊的半导体器件，是数码相机用来感测光线取代银盐成像的组件，对于数码相机而言，它的作用相当于传统相机的胶卷（底片），会影响最后的照片分辨率及品质。CCD 外形如图 1-3 所示。

目前，市面上数码相机 CCD 主要有 2/3 英寸、1/1.8 英寸、1/2.7 英寸、1/3.2 英寸 4 种。CCD 尺寸越大，感光面积越大，成像效果就越好。

图 1-3　CCD 的外形

● CMOS

CMOS，是英文 Complementary Metal-Oxide Semiconductor 的缩写，即互补型氧化金属半导体的缩写，和 CCD 一样同为数码相机中记录光线变化的半导体。它利用硅和锗这两种元素做成半导体，使其上共存着 N（带正电）和 P（带负电），这两个互补效应所产生的电流即可被处理芯片记录和解读成影像。

CCD/CMOS 将影像信息以数字方式存储到硬盘里，可直接将数据传输给电脑，并可借助电脑图形软件对影像进行任意处理，以达到再创作的目的，同时也缩减了图像网络传输的工序，大大方便了人们的生活。CMOS 如图 1-4 所示，它的感光原理虽然和 CCD 相同，但由于生产成本较低，迅速成为低端数码产品的感光元件。

CMOS 技术还不成熟，赶不上CCD的成像效果。

图 1-4　CMOS 的外形

● LCD

数码相机与传统相机的一个很大区别，就是它拥有一个可以即时浏览图片的屏幕，称为数码相机的显示屏，一般为液晶结构（LCD，Liquid Crystal Display）。LCD 屏幕就是数码相机的脸面，也是数码相机中使用频繁的部分之一。能够通过 LCD 实时取景、回放、浏览，这是数码相机与传统相机最直观的差别。LCD 的优劣需要从分辨率、尺寸大小、色彩饱和度、响应时间、刷新率、强光下效果等几个方面做比较，综合考虑。像素越大的 LCD，所得的画面越细腻，显示屏尺寸越大，得到的画面则越清晰，这可以让我们知道摄影时是否正确对焦。

常用的数码相机 LCD 都是 TFT 型的，其背光源是来自荧光灯管射出的光，这些光源会先经过一个偏光板，然后再经过液晶，这时液晶分子的排列方式发生改变进而改变穿透液晶的光线角度。在使用 LCD 的时候，我们发现在不同的角度，会看见不同的颜色和反差度，这是因为大多数从屏幕射出的光是垂直方向的。例如，从

一个非常斜的角度观看一个全白的画面，我们可能会看到黑色或是色彩失真的画面。图 1-5 所示为佳能 EOS 60D 数码单反相机，3 英寸的可翻转式 LCD，拥有 1800 万像素成像能力。

图 1-5　数码相机的显示屏

数码相机和传统相机的最大差别就是，传统相机用胶卷记录影像，是将图像信息用化学方法记录在感光材料上，一经曝光，效果即基本确定并无法改变；数码相机则采用其他存储媒体，如 Memory Stick™ 记忆卡，如图 1-6 所示。

图 1-6　胶片和存储卡

数码相机获取最终成功影像的速度很快，按动快门后液晶屏即可显示所拍的影像，摄影者回放观察之后可立即依据影像质量好坏和存储卡容量的大小选择存储、删除或传送。相比之下传统相机拍摄之后要经过胶片的冲洗、选片、照片冲印后才可获得最后的影像，摄影者只有看过冲洗后的胶片或照片才知道自己是否成功完成此次拍摄任务。

数码相机的分类

数码相机的产品类型可以理解为对数码相机的人为分类。根据数码相机常见的用途可以简单将其分为卡片相机、单反相机、长焦相机等。

一、卡片数码相机

卡片数码相机在业界没有明确的概念，小巧的外形、相对较轻的机身以及超薄时尚的设计是衡量此类数码相机的主要标准。图 1-7 所示的是一款索尼生产的卡片相机。

卡片相机随身携带方便：可以放进西服口袋里，而不至于坠得外衣变形；可以放进女士们的小手包；甚至可以塞进牛仔裤口袋，或者干脆挂在脖子上。

图 1-7　卡片数码相机

虽然卡片机的功能并不强大，但是最基本的曝光补偿功能，加上区域或者点测光模式，已可以满足使用者对画面曝光的基本控制。再配合色彩、清晰度、对比度等选项，用卡片相机也可以拍摄很多漂亮的照片。

卡片相机的优点是时尚的外观、大尺寸液晶屏、小巧纤薄的机身、操作便捷；缺点是手动功能相对薄弱，超大的液晶显示屏耗电量较大，镜头性能较差。

二、长焦数码相机

长焦数码相机指的是具有较大光学变焦倍数的机型。光学变焦倍数越大，能拍摄的景物就越远。从摄影原理来说，焦距越小视野越宽，照片可以容纳的景物范围也越广；而焦距越大则视野越窄，也就可以拍摄到很远的物体。

长焦数码相机可以通过镜头内部镜片的移动而改变焦距。当我们拍摄远处的景物或者被拍摄者不希望被打扰时，长焦的好处就发挥出来了。另外，焦距越长则景深越浅，和光圈越大景深越浅的效果是一样的。浅景深的好处在于突出主题而虚

化背景，这样使照片拍出来更加专业。

但对于高倍的超大变焦数码相机，其整体上的某些缺陷，会对其拍摄造成一些影响。这些缺陷主要表现在：长焦端对焦较慢；手持时候易抖动；画面质量降低；相机质量与体积偏大。

不过，随着光学技术的进步，目前的 10 倍光学变焦镜头实际上已可以满足人们的日常拍摄需要。图 1-8 所示是索尼生产的一款长焦数码相机。

图 1-8　长焦数码相机

三、单反数码相机

单反数码相机（图 1-9）指的是单镜头反光数码相机，这是单反数码相机与其他数码相机的主要区别。

图 1-9　佳能单反数码相机

在单反数码相机的工作系统中，光线透过镜头到达反光镜后，折射到上面的对焦屏并形成影像，透过接目镜和五棱镜，我们可以在观景窗中看到外面的景物。而一般数码相机只能通过 LCD 屏或者电子取景器看到所拍摄的影像。

现在单反数码相机都定位于数码相机中的高端产品，因此在关系数码相机摄影质量的感光元件的面积上，单反数码相机的远远大于普通数码相机的，这使得它每个像素点的感光面积也远远大于普通数码相机，因而每个像素点就能表现出更加细致的亮度和色彩范围，使单反数码相机的摄影质量明显高于普通数码相机。

光圈、快门、感光度及曝光

要想拍摄出画质优美的图片，曝光调节是否准确是至关重要的。然而，按动快门速度的快慢、光圈大小的选择、ISO 感光度的变化，又是摄影曝光重要的三要素。只有了解它们各自的定义及三者之间的关系后，我们才可以合理地运用它们之间的关系来拍摄。

光圈是照相机里控制进光量的装置。对于已经造好的镜头，我们不可能随意改变镜头的直径，但是我们可以通过在镜头内部加入面积可变的多边形或圆形孔状光栅来控制镜头通光量，这个装置就叫作光圈。

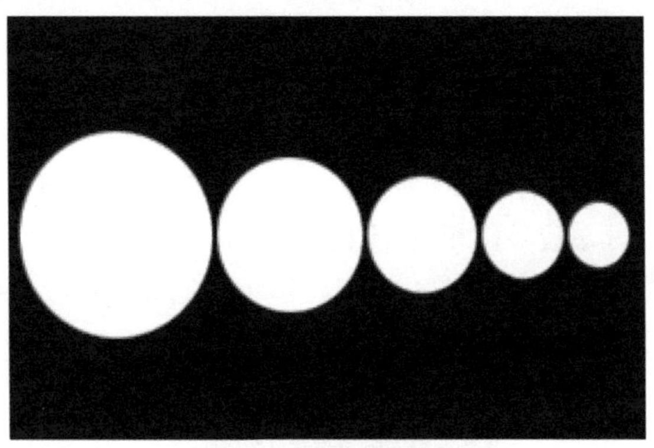
图 1-10　光圈的演示

光圈是镜头的一个极其重要的指标参数，通常在镜头内部。其运作原理类似人类眼睛的瞳孔，光圈越大，进光量就越大，光圈越小，进光量就越少。光圈每缩小一级，进光量就减少一半，这个过程是连续的，如图 1-10 所示。

光圈大小用 f 值表示，f 值越小，则在同一单位时间内进光量越多。例如镜头光圈从 f/4 调整为 f/5.6，进光量便减少了一半，由此我们说光圈缩小了一级。图 1-11 是光圈大小与进光量关系的示意图。

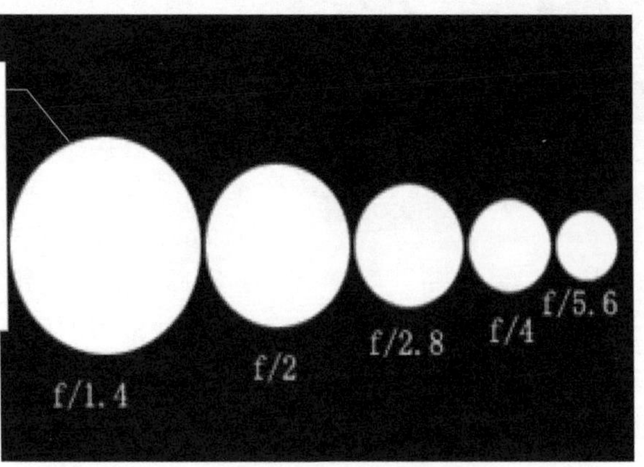

图 1-11　光圈大小与进光量的演示

快门是照相机控制感光元件片（胶片、CCD 等）感光时间的装置，它和光圈组成了控制曝光的组合。快门是由快门按下的时间来决定每一次曝光的时间。一般而言快门的时间范围越大越好，如

图 1-12 所示，1/800 秒快门速度可以清晰抓拍到空中飞翔的海鸥。但是当你要拍的是夜晚的车水马龙时，快门时间就要拉长以充分地反映静态场景。图 1-13 就是用 2 秒的快门速度拍摄的夜景。

运动中的物体通过数码相机快门的设置可以拍摄得十分清晰。

图 1-12　1/800 秒快门演示

尽管夜色阑珊，但较长的快门时间仍然使图片包含了丰富的夜景内容。

图 1-13　夜景的拍摄

当前市面上的数码相机除了提供全自动（auto）模式，通常还会有光圈优先和快门优先两种选项，这使你在某些场合可以先决定光圈值或快门值，然后分别搭配适合的快门或光圈，以呈现不同画面的效果。

光圈优先（aperture priority）就是手动定义光圈的大小，相机会根据这个光圈值确定快门速度。由于光圈的大小直接影响着景深，因此在平常拍摄中此模式使用最为广泛。在拍摄人像时，我们一般采用大光圈长焦距而达到虚化背景获取较浅景深的目的，这样可以突出主体。同时，较大的光圈也能得到较快的快门值，从而提高手持拍摄的稳定性。在拍摄风景这一类的照片时，我们往往采用较小的光圈值，这样景深的范围比较广，可以使远处和近处的景物都清晰，这一点在拍摄夜景时也适用。

如图 1-14 所示，在画面中选择的焦点都为右起第三把起子，并且都是正常曝光，只是两者的拍摄参数不同。左图是采用 f/3.5 的光圈，从图中可以看到只有右起第三把起子是清晰的，其前面和背景基本上是模糊的；右图采用的光圈为 f/9.5，从图中可以看到右起第三把起子和背景基本上是清晰的。从两张图片的对比我们可以很明显地看出，第一张的景深小，也就是画面中清晰的范围小；而第二张景深大，也就是清晰的范围大，但是两者的曝光量是一样的。

大光圈长焦距能起到虚化背景获取较浅景深的作用。

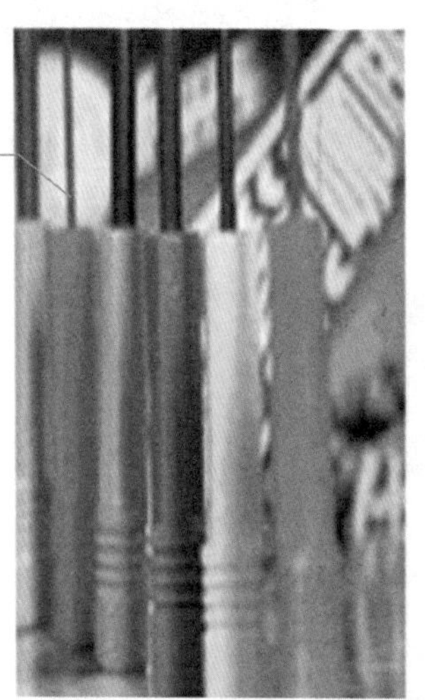

图 1-14　景深大小的演示

快门优先（shutter priority）是在手动定义快门的情况下通过相机测光而获取光圈值。快门优先多用于拍摄运动的物体，特别是在体育运动拍摄中最常用。

在拍摄运动物体时拍摄出来的主体是模糊的，这多半就是因为快门的速度不够快。在这种情况下可以使用快门优先模式，大概确定一个快门值，然后拍摄。物体的运动一般是有规律的，从而可以大概估计快门的数值，例如拍摄行人，快门速度只需要 1/125 秒就差不多了，而拍摄下落的水滴则需要 1/1000 秒。自动测光系统计算出曝光量的值，然后根据选定的快门速度自动决定用多大的光圈。

例如，水流的速度是一定的，但是采用不同的快门值可以得到不同的效果。图 1-15

所示左边画面的快门速度高达 1/1000 秒，因此可以拍摄到单个水滴下落的情景，而右边的快门速度只有 1/60 秒，此时画面中显示的是细细的水流。

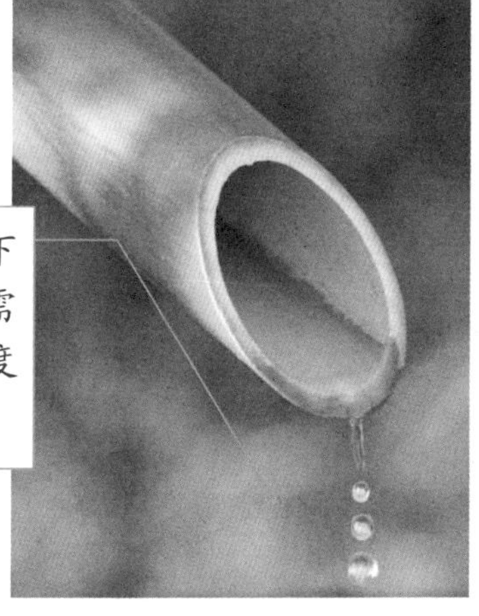

图 1-15　快门快慢的演示

ISO 是指底片或 CCD 的感光度。一般数码相机常见的感光度有 ISO50、100、200、400、800 度等几挡。在平时拍摄过程中，我们最好将它置于最佳感光度（100 度）这一挡上。当我们在一些特定场合，例如展览馆或者表演会等，不允许或不方便使用闪光灯的情况下进行拍摄时，可以通过调整 ISO 值来增加照片的亮度。如图 1-16 所示，拍摄环境的光线较暗，右图使用的是相机默认感光度值，结果图片的曝光不足，整体偏暗；左图则调节了 ISO 感光度值，将其大小调整为 400。

图 1-16　感光度值大小比较的演示之一

在拍摄时我们还要合理地运用快门速度、光圈及 ISO 感光度三者之间的关系。

快门速度提高 1 倍，镜头的通光量就会减少一半；光圈每增加一挡，和快门速度提高 1 倍时一样，通光量也会减少一半；ISO 感光度增加 1 倍，通光量即使减半也能够用同样的曝光量曝光。

在室内光线较暗的拍摄环境下，为保证拍摄的图像清晰，需要保持比较高的快门速度，这时可以采用大光圈或者高感光度进行拍摄。如图 1-17 所示，左图 ISO 感光度采用默认值，快门的速度为 1/2 秒，图像抖动感非常明显；右图中将 ISO 感光度由默认值设成了 400，此时快门的速度为 1/6 秒，虽然没用三脚架，抖动现象却减轻了许多。

感光度值越大越适合用于光线昏暗的场所。

图 1-17　感光度值大小比较的演示之二

相机的感光体需要曝光以后才能记录下图像，数码相机的感光体是 CCD 或 CMOS。有时候我们拍摄的照片和看到的场景相去甚远，曝光不足会产生浓重的阴影，体现不出细节；同样，曝光过度会使画面产生一片亮白，同样也看不出细节。例如，图 1-18 所示的两幅图片，分别是曝光不足和曝光过度造成的失误。

要解决这个问题就需要我们在拍摄时正确运用“曝光补偿”来调节。曝光补偿就是有意识地变更相机自动演算出的“合适”曝光参数，让照片更明亮或者更昏暗的拍摄手法。可以根据自己的想法调节照片的明暗程度，创造出独特的视觉效果等。一般来说相机会变更光圈值或者快门速度来调节曝光值。当被拍摄对象亮度比较高时需做曝光正补偿，比如拍摄的内容为蓝天白云等浅色调的主题时，就要考虑适当增加曝光量。在处理亮度低的拍摄对象时需要做曝光负补偿，例如在拍摄身穿黑色服装的人物时，需减少曝光量，这才有可能获得正常的影像还原效果。

图 1-18　曝光补偿的演示

一般便携式数码相机大都可以调整曝光值为+2、－1、0、－1、－2 等。调整的原则是：若拍摄主体的曝光不足，用正补偿，增加曝光量；反之用负补偿，减少曝光量，如图 1-19 所示为不同曝光下的图像差异。

a 减一挡

b 正常曝光

c 加一挡

图 1-19　调节曝光量的演示

被拍摄的白色物体在照片里看起来是灰色或不够白的时候，要增加曝光量，就是“越白越加”，似乎这与曝光的基本原则和习惯是背道而驰的，其实不然，这是因为相机偏重于中心主体，白色的主体会让相机误以为环境很亮，造成曝光不足，这也是多数初学者易犯的通病。由于相机的快门时间或光圈大小是有限的，因此，并非总是能达到 2 EV 的调整范围，此曝光补偿也不是万能的，在过于黑暗的环境下仍然可能曝光不足，此时，要考虑配合闪光灯或增加相机的 ISO 感光灵敏度来提高画面亮度。

数码照片中的像素和分辨率

我们要想得到一张清晰完美的照片，除了硬件条件外，数码相机的像素大小也是十分重要的因素。

此外，如果我们想将数码照片送到数码店冲印出来，那么数码相机的像素设置与可冲印最佳照片尺寸对照表分辨率的设置之间的转换关系就直接决定了输出效果。

首先我们来认识像素。像素（pixel）是数码照片的基本元素，一般表现为正方形彼此相邻的色点，数以百万个像素拼合起来便构成一幅数码图像。每个像素在物理尺寸上没有大小之分，每一个方块都可以看作一个像素，如图 1-20 所示。

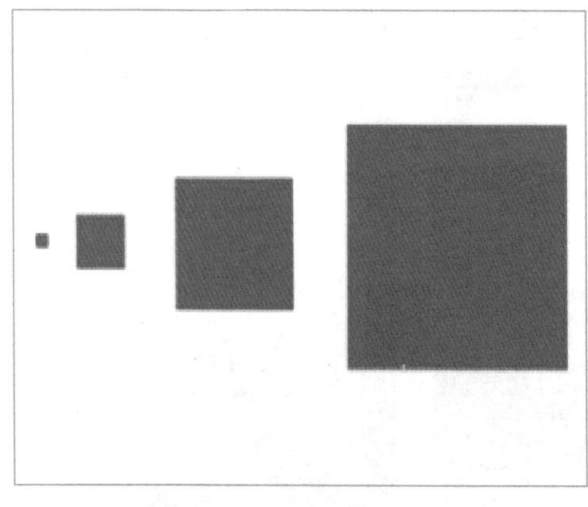

图 1-20　像素的演示

像素，这种最小的图形单元能在屏幕上显示，通常是单个的染色点，越高位的像素，其拥有的色板也就越丰富，越能表达颜色的真实感。当图像放大到一定程度的时候就可以清晰地看到组成图像的每个像素，例如，图 1-21 所示的就是画面和局部像素的关系。相机所说的像素其实是最大像素的意思，这个值是相机所支持的有效最大分辨率。

下面我们再谈一谈分辨率与照片尺寸的关系。分辨率是指某一单位面积中像素总量的多少，用 dpi（Dot Per Inch）表示，也有人把它叫作精度。像素值越大，分辨率的值也就越高，照片的质量就越好。输出精度的高低，决定了图像质量的好坏。分辨率才是图片清晰程度的标志，在分辨率一定的情况下，像素值大，只能说明图片的幅面大，并不能说明其清晰程度，清晰度如何，则要看其分辨率的大小。

如果我们想要将数码照片打印出来，首先要知道分辨率与冲印尺寸之间的关系。输出照片尺寸＝数码照片长边像素数÷照片输出精度。以 500 万像素级的数码相机

为例，其输出照片的最大分辨率为 2560×1920，有效像素即为 2560×1920=491.52 万，约 492 万。如果用输出设备按 300 dpi 的输出精度打印照片，那么输出尺寸为 2560÷300=8.5 英寸，即可以输出 8 英寸的照片。

相同的道理，要是 1000 万像素的数码相机，图片长 3540 像素，我们以 300 dpi 作为输出值，3540÷300=11.8 英寸，很明显冲印 12 寸照片没有任何问题。表 1-1 中的数据为常见的冲印尺寸。

从表中我们看到照片分辨率影响照片尺寸，在相同打印分辨率下的照片像素总量也影响照片尺寸。

图 1-21　照片中像素的演示

表 1-1　常见冲印尺寸

简称	英寸×英寸	厘米×厘米	像素×像素（300 dpi）
1 寸		2.5×3.5	295×413
2 寸（护照）		3.3×4.8	390×567
2 寸		3.8×5.5	449×650
5 寸	3×5	7.62×12.7	900×1500
5 寸	3.5×5	8.89×12.7	1050×1500
6 寸	4×6	10.16×15.24	1200×1800
8 寸	8×6	20.32×15.24	2400×1800
10 寸	10×8	25.4×20.32	3000×2400
12 寸	12×10	30.49×25.4	3600×3000

现在，常用的数码相机像素数通常在 200 万像素到 800 万像素。选择数码相机像素越高的模式拍出的照片在不失真情况下可冲印的最大尺寸也越大。200 万像素已经可以冲印出比较理想的照片，不过从照片清晰度来说，300 万像素以上的数码

照片没有差异，对冲印质量的影响并不大，而且像素越大文件尺寸会越大，只能让照相馆帮你裁剪了。因此，在外出旅游期间为了节约数码相机存储卡的空间，并不一定要按照最大像素设置来拍摄照片。

图 1-22 和图 1-23分别是 300 万像素和 30 万像素下的不同效果，像素越大照片越清晰，相对来说照片尺寸也会更大。

图 1-22 300 万像素演示

由于CCD感光器件尺寸的限制，大部分数码照片的长宽比例是 4:3，而一般 3R 照片比是 5:3.5，4R 则是 3:2。若按比例冲印，照片会出现白边或部分影像会被裁掉。有的人说，可以预先在计算机中对照片长宽进行裁切，但并不建议这样做，因为这是很花时间的。权宜之计是拍摄时在影像边缘位置预留少许空间，就能够避免上述问题。

当我们把数码照片拿到冲印店冲印时，他们会根据拍摄像素值和冲印照片的大小相互参照进行冲印，如图 1-24 所示。

然而，当你提交的照片文档大小和冲印店的标准有差异时，冲印店往往对照片做缩放和裁剪处理，然后按其标准大小输出。如果你不知道这些比例，拿着 1600×1200 像素的图片跑到冲印店去印 6 寸照片，那么最后拿到的照片肯定不会令你满意，肯定有东西要被裁掉。因为数码照片上的图片和实际冲印的照片大小不同，冲印店为保证所冲印照片的质量，会完全交给机器自动裁剪成符合打印要求尺寸的图像。

图 1-23 30 万像素演示

数码相机拍摄影像扩印照片规格参照表

		5×3.5	6×4	7×5	8×6	10×8	14×10	16×12	18×12
万像素	分辨率	12.7×8.9	15.2×11.4	17.6×12.7	20.3×15.2	25.4×20.3	35.0×25.4	40.6×30.5	45.7×30.5
15	480×320								
30	640×480								
80	1024×768								
130	1260×960								
200	1600×1200								
330	2048×1536								
410	2272×1704								
520	2560×1920								
600	2048×3072								
1100	4064×2704								

图例：

很好，极力推荐

好，推荐

一般，可接受

差，不推荐

说明：1. 数码影像扩印照片的质量不仅与文件尺寸和压缩比有关，还受曝光、对焦、白平衡、镜头、CCD/CMOS感应器等因素的影响，我们推荐您选择质量稳定的数码相机。

2. 优质的存储模式会带来好的扩印效果，请您尽量选择“标准”以上的存储模式。

3. 我们建议您在拍摄时将数码相机的分辨率设定为最高，以保证可以放大高质量照片。

4. 及时将影像刻录成光盘，以便长期可靠地保存，并可提高存储卡的利用率。

图 1-24 扩印规格参照表

机器为达到冲印要求，对照片进行裁上、裁下、留中……于是，本来一张完好的照片就会“残疾”， 比如可能会发生：背景中碧蓝天空上的浮云不见了，或者是照片中人物的头被砍掉半截等现象。例如，图 1-25 所示的就是属于这种情况，左图是原照片，右图是按固定比例 5:3.5 裁剪出来的照片。要想按照自己的意愿留住照片的主体，就要自己动手，按自己的想法裁剪后送到冲印店，免得节外生枝。

图 1-25 机器自动裁剪演示

表 1-2 是一些日常常用的证件照的相关尺寸，了解这些小知识，可以方便我们

的日常生活。

表 1-2　常见证件照尺寸

名称	尺寸	名称	尺寸
身份证	22 mm×32 mm	护照	33 mm×48 mm
二代身份证	26 mm×32 mm	驾照	21 mm×26 mm
驾驶证	22 mm×32 mm	车照	60 mm×91 mm
普通证件照	33 mm×48 mm	毕业生照	33 mm×48 mm
港澳通行证	33 mm×48 mm	赴美签证	50 mm×50 mm

数码照片的图像处理要素

数码照片区别于普通照片之处就是其具有“数码”功能，它可以输入到计算机上对图像做进一步处理。在图片的处理中，我们会接触到图像饱和度、对比度、色调及图像亮度的调节。为了能够轻松地对拍摄的图片进行处理，我们有必要搞清楚这些概念在图像处理中的具体含义。

对比度：指不同颜色之间总的差异，对比度值越大，两种颜色间的差异也就越明显，如图 1-26 所示，把一幅黑白照片的对比度加大，黑色和白色间的对比差异将更明显。

图 1-26　对比度变化的演示

亮度：表示色彩的强度，即原色的明暗，不同的原色强弱也不一样，因而会产生不同程度的明暗。我们所见的各种色彩都是由三种色光或三种颜色组成，而它们本身不能再拆分出其他颜色成分，所以被称为三原色。分别是 R（Red）红色、G（Green）绿色、B（Blue）蓝色，调整该照片亮度实际上就是调整上述三种原色的明暗度，图 1-27 所示的是同一幅图片不同明暗效果的对比图。

图 1-27　亮度变化的演示

色相：也称色调，表示色的特质，是区别色彩的必要因素。如红、橙、黄、绿、青、蓝、紫等多种颜色就是色相。色相和色彩的强弱及明暗没有关系，只是纯粹表示色彩相貌的差异而已。通常情况下一张数码照片有多种色相，但是这些色相中必然存在着一个主色相，因此，色相的调整实际上就是将数码照片的颜色在各种颜色之间进行调整。例如，图 1-28 所示的图片是经过色相变动后的效果对比图。

图 1-28　色相变化的演示

饱和度：指色彩浓烈或鲜艳的程度，饱和度越高，颜色中的灰色成分就越低，颜色的浓度就越高。一般来说大家都比较喜欢色彩鲜艳的图片。但也要注意，太大的饱和度也会使得大面积色彩区域、色彩饱和度较高的部位、光线较暗的部位损失色彩细节层次。

图 1-29 左、右两图所示的是经不同饱和度处理的效果对比图。

高饱和度的色彩通常显得更加富丽丰满。

图 1-29　饱和度变化的演示

常见的存储格式及介质

数码相机拍摄的照片以数字文件格式存储，分为两大类，一类是位图，另一类是矢量图。

位图由不同亮度和颜色的像素组成，适合表现大量的图像细节，可以很好地反映明暗的变化和复杂场景的颜色，如图 1-30 所示，但缩放时清晰度会降低。

当放大位图时，可以看见赖以构成整个图像的无数单个方块。扩大位图尺寸的效果是增大单个像素，从而使线条和形状显得参差不齐。然而，如果从稍远的位置观看它，位图图像的颜色和形状又显得是连续的。

图 1-30　位图

矢量图是一种以图形的几何特性来描述图像的格式，具有可以被无限放大的特点，当图像放大后仍可以清晰地看到组成图像的每个像素。图 1-31 所示的是一幅矢量图整体与局部放大后的对应关系。

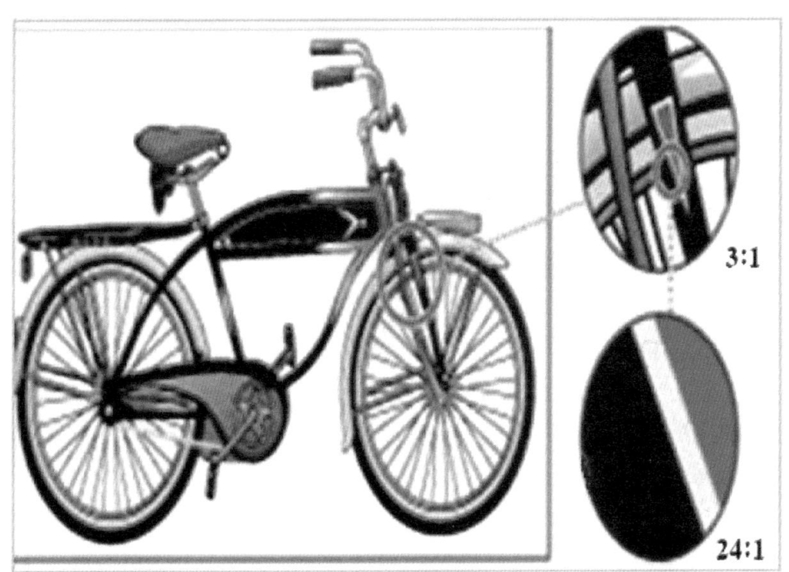

图 1-31　矢量图

位图有种类繁多的文件格式，常见的有：JPEG、TIFF、RAW、GIF 和 BMP。

JPEG 文件格式的后缀名是.JPG，这也是我们常见的一种文件格式。JPEG 文件格式允许用可变压缩的方法保存 8 位、24 位、32 位深度的图像。JPEG 使用了有损压缩的格式，能迅速显示图片并能保存较好分辨率的理想格式。JPEG 格式的应用非常广泛，特别是在网络和光盘读物上，都能找到它的身影。各类浏览器均支持 JPEG 这种图像格式，因为 JPEG 格式的文件尺寸较小，下载速度快。

图 1-32 所示是处理 JPEG 格式的一个界面，在此，用户可以选择图片压缩的精度，并能清楚地看到图片压缩后的大小。

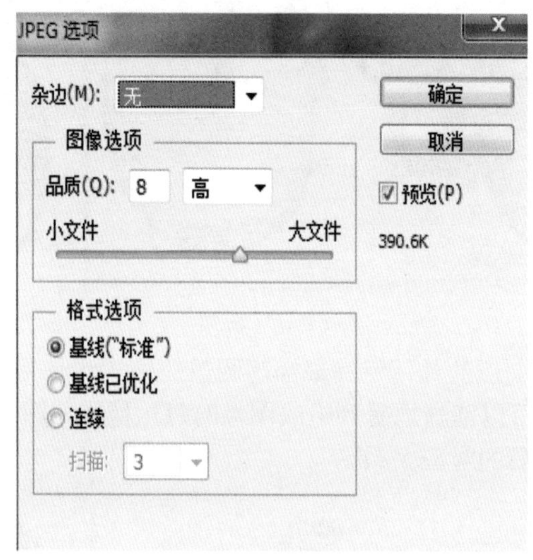

图 1-32　JPEG 格式

TIFF 文件的后缀名是.TIF，TIFF 格式文件比 JPEG 格式文件大得多。一般说来，一张 TIFF 格式照片比 JPEG 格式照片要大上 10 多倍。然而，它具有很多优点：其一，图像质量好于 JPEG；其二，它是现阶段印刷行业使用最广泛的文件格式。

RAW 格式是记录传感器（CCD 或 CMOS）上原始数据的一种格式，而不是图像格式。RAW 记录方式是基于各厂家生产的 CCD/CMOS 规格所定。Adobe 公司为统一 RAW 格式，推出了 DNG 格式来转换原始图像。

闪存卡（Flash Card）是利用闪存（Flash Memory）技术达到存储电子信息的存储器，一般应用在数码相机、掌上电脑、MP3 等小型数码产品中作为存储介质，因样子小巧，有如一张卡片，所以称之为闪存卡。根据不同的生产厂商和不同的应用，闪存卡大概有 Smart Media（SM）卡、Compact Flash（CF）卡、MultiMedia Card（MMC 卡）、Secure Digital Memory（SD）卡、XD-Picture Card（XD 卡）和 MICRODRIVE（微硬盘）。现在就介绍几款市场比较大众，使用比较多的存储卡。

SM 卡，被称作固态软盘卡（Solid State Floppy Disk，SSFDC），这种小巧的存

储卡大小约为 1.7 英寸×1.5 英，厚度只有 0.03 英寸。

CF（Compact Flash）卡，大小和 SM 卡相仿，如图 1-33 所示，它采用的是闪存（flash）技术，不需要电池来维持其中存储的数据。对所保存的数据来说，CF 卡比传统的磁盘驱动器安全性和保护性都更高，而且用电量又低。这些优异的条件使得大多数数码相机选择 CF 卡作为其首选存储介质。使用 CF 卡的数码相机包括 Kodak、Nikon、Canon、Epson、Casio。

SD 卡，中文翻译为安全数码卡，SD 卡已成为目前消费数码设备中应用最广泛的一种存储卡。SD 卡是具有大容量、高性能、安全等多种特点的多功能存储卡，它比 MMC 卡多了一个进行数据著作权保护的暗号认证功能（SDMI 规格），读写速度比 MMC 卡要快 4 倍，达 2 M/秒。图 1-34 所示的是东芝 SD（UHS-I）超极速存储卡。

图 1-33　CF 卡

图 1-34　SD 卡

对于初级数码玩家来说，拿出值得炫耀的数码照片是他们的最大满足。可是受摄影器材或水平所限，往往拍出的照片存在着这样或那样的缺陷，达不到预期的效果。

因此，数码照片后期处理就派上用场了，它可以帮我们免去许多遗憾，使我们的照片得到意想不到的好效果。

这里向大家介绍一款目前网络人气正旺的数码照片后期处理软件——《光影魔术手》。它不但可以改善数码照片的画质、添加个人喜爱的效果，而且简单、实用、非常容易上手，受到广大使用者的推崇。一学就会，谁不喜欢呢！

第二章

神奇的《光影魔术手》

本章学习目标

◇ 认识和安装《光影魔术手》

了解《光影魔术手》的主要功能，介绍安装的过程。

◇ 熟悉《光影魔术手》

了解《光影魔术手》的操作界面。

◇ 扶正倾斜的照片

学习旋转和剪裁功能。

◇ 修复失焦和偏色的照片

学习白平衡和精锐细化功能。

◇ 处理曝光缺陷的照片

学习数码减光与数码补光功能。

◇ 改变照片的大小

介绍影响照片大小的因素及如何改变照片的尺寸。

◇ 处理背景杂乱的照片

学习裁剪功能来获得自己需要的照片。

◇ 一键设置，省心省事

介绍一键设置、照片池以及浏览图片等快捷好用的功能。

认识和安装《光影魔术手》

《光影魔术手》（Neo Imaging，也被简称为“光影”）是一款对数码照片画质进行改善及效果处理的软件。简单、易用，每个人都能制作多样的、自己喜欢的效果，而且完全免费。我们不需要任何专业的图像技术，就可以制作出专业胶片摄影的色彩效果，是摄影作品后期处理、图片快速美容、数码照片冲印整理时必备的图像处理软件。

如果说《美图秀秀》是现在朋友们较喜欢的进行个性化照片处理的工具，那《光影魔术手》算是比较实用的图片处理软件。虽然相对图像处理软件 Photoshop 而言，《光影魔术手》在专业性与图像调整参数方面较弱，但是它的优势在于界面简洁，操作简单，无需专业的图像处理经验与基础就可以轻松上手。

《光影魔术手》于 2006 年推出第一个版本，2007 年被《电脑报》、天极、PCHOME 等多家权威媒体及网站评为“最佳图像处理软件”。2008 年被迅雷公司收购，此前为一款收费软件，被迅雷收购之后才实行了完全免费。最新推出的 4.4.1 版本采用全新迅雷 BOLT 界面引擎重新开发，在老版“光影”图像算法的基础上进行改良及优化，带来了更简便易用的图像处理体验。

在此，我们介绍的是《光影魔术手》4.4.1 版本，简称“光影”4。

“光影”4 重新打造了软件界面，使用者可以有更好的交互体验。每个功能的交互都经过了精心的优化，特别是添加文字、添加水印、基本调整、裁剪等，用起来更顺手。如果有使用过“光影”3 的朋友，这里先了解一下“光影”4 同它的区别。

- 操作系统兼容性更好

除了 Windows XP 和 Vista，还兼容 Windows7 和 8；完全兼容各类 64 位操作系统。

- 更好的处理性能

在老版“光影”的图像算法基础上进行了改良和优化，并且充分利用CPU多核飞一样的速度。不管是单张图片还是批量图片，处理速度都比老版快很多。

- 增加拼图功能

多图制作较老版更方便，增加自由拼图，且提供多种模板拼图。

- 兼容老版本的边框素材

“光影”3 的所有边框素材，在“光影”4 中都能继续使用。

另外说明一下，“光影”3 中 90%以上的功能都已集成到“光影”4 中了，“光影”4 已能满足各种常用的图片处理要求。如果你确实还需要以上“光影”4 暂不具备的

功能，建议安装“光影”4 时不要卸载“光影”3。你只需要把“光影”4 安装在和“光影”3 不同的文件夹中，这两个软件就可以互不干扰地同时使用了。

在此，我们首先介绍“光影”4 的下载与安装。

一、下载《光影魔术手》的安装程序

1．用百度搜索《光影魔术手》可以找到许多有关该软件的下载网址，如图 2-1 所示。点击【光影魔术手_官方电脑版_华军纯净下载】进入下载界面。

图 2-1 百度搜索《光影魔术手》

2．进入“华军纯净下载”界面以后，点击【华军本地下载】按钮（图 2-2），即可进行《光影魔术手》4.4.1 官方版的下载操作。

图 2-2 《光影魔术手》4.4.1 官方版华军纯净下载界面

3. 在弹出的“新建下载任务”对话框中，点击【浏览】按钮设置文件的保存地址为“C:\Users\w\Desktop”。选择好文件保存地址后，单击【下载】按钮，如图 2-3 所示。

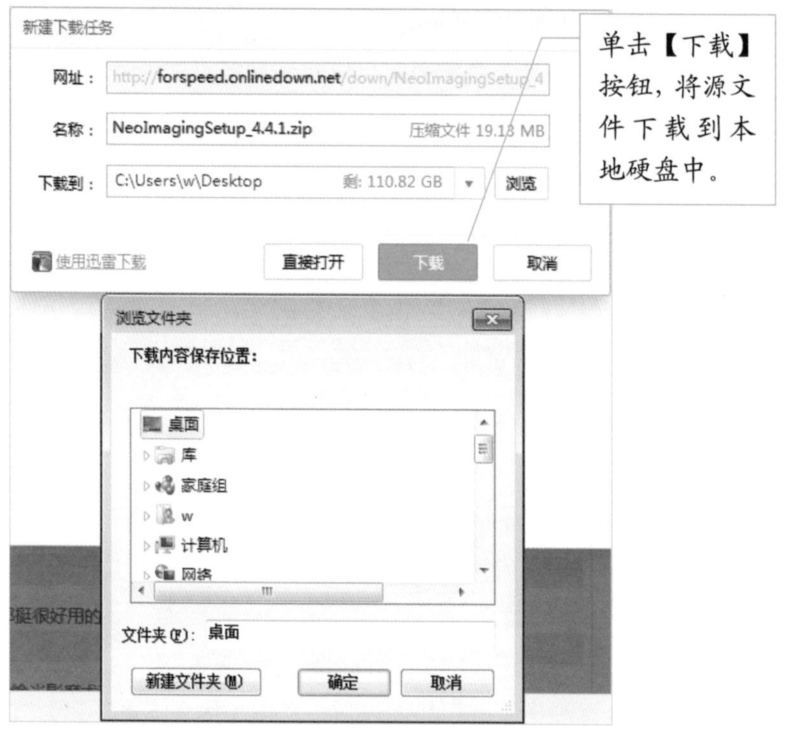

图 2-3 “新建下载任务”对话框

4. 这时弹出“下载进度”对话框，如图 2-4 所示。等待文件下载完成后，点击【打开】按钮即可进行压缩包解压。

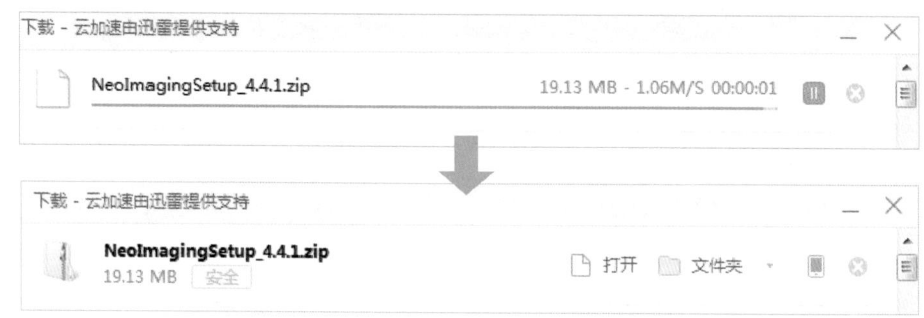

图 2-4 “下载进度”对话框

5. 右击压缩包文件，并单击【解压到当前文件夹（X）】按钮，将压缩包解压

到当前文件夹，如图 2-5 所示。

图 2-5　《光影魔术手》压缩包解压

二、运行环境

1. 微软 Windows XP、Vista、7 以及 8 操作系统为软件平台。
2. 需要 5 M 以上的硬盘空间。
3. 建议在 1024×768 以上分辨率模式下运行。

三、安装步骤

在安装包下载并解压后，就剩下最后一个环节——安装。其操作步骤如下：

1. 双击安装执行文件，点击【运行（R）】，如图 2-6 所示。

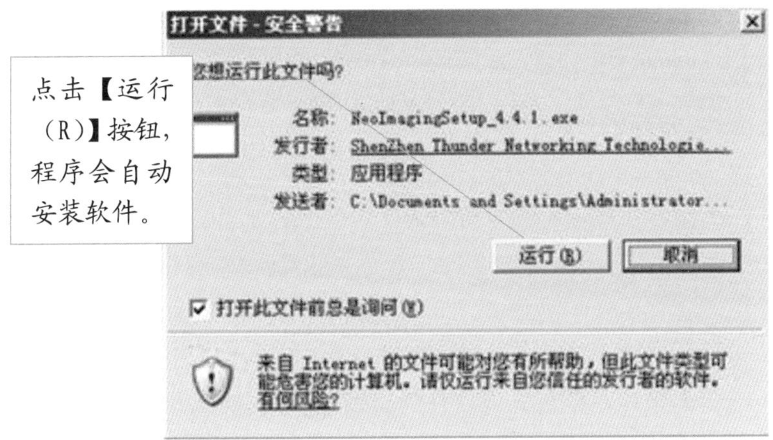

图 2-6　运行安装程序

2. 出现许可协议的窗口，如图 2-7 所示，浏览完协议以后点击【接受】，否则无法继续进行安装。

3. 点击【浏览】按钮，选择运行程序的目标文件夹，在图 2-8 中显示所选文件夹位置为“C:\Program Files\ Thunder Network\NeoImaging”。

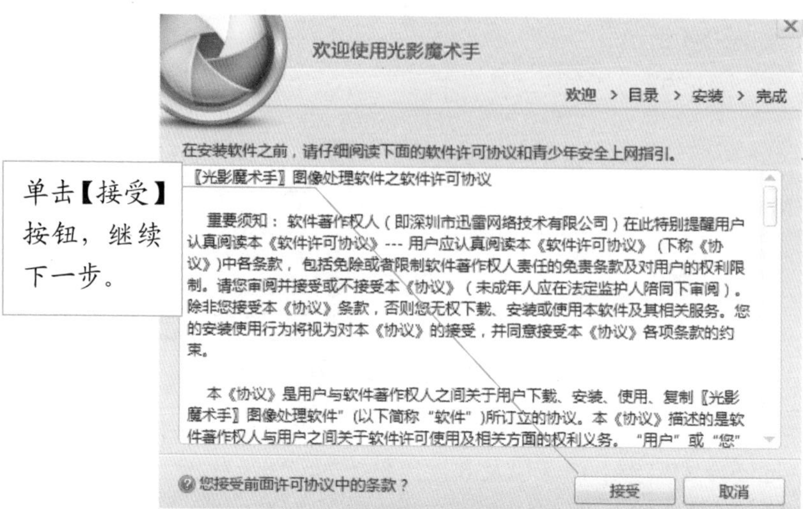

图 2-7　软件许可协议

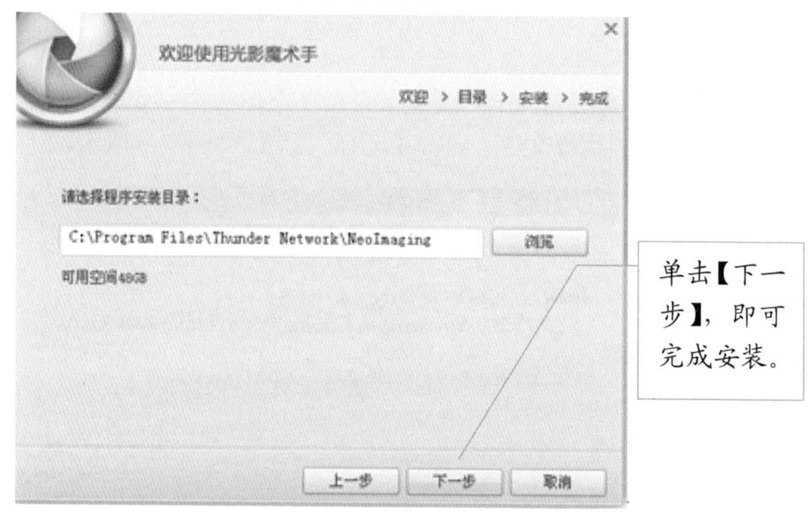

图 2-8　选择安装路径

4．单击【下一步】按钮，即可完成软件的安装。

这里要说明一点，如果你是在光盘上运行《光影魔术手》，可能无法保存一些环境选项，但它并不影响软件运行。现在，你已经将该软件安装在你的机器上了，接下来的任务就是运行《光影魔术手》。

在下一节中我们将熟悉《光影魔术手》基本操作界面，并初步开始使用它的主要常用功能，来处理我们拍摄的数码照片。我们还等什么呢？赶快一起来感受神奇的《光影魔术手》吧！

熟悉《光影魔术手》

安装完《光影魔术手》后，启动该软件，你就可以运用这个工具对要修改的照片进行后期处理了。不过，在开始使用前，我们还是一起来熟悉一下它的运行界面及相关设置，这样有利于将来更熟练地运用《光影魔术手》的各种功能来处理数码照片。

《光影魔术手》主操作界面十分简洁，易于上手，各种效果还有图例示范，如图 2-9 所示。为了更好地认识其界面和工具情况，我们先打开一张数码照片。打开照片的操作步骤如下：

图 2-9　“光影”4 初始界面

1．单击图 2-9 中【打开】图标，弹出“打开”对话框，如图 2-10 所示。

图 2-10　打开图片操作演示

2．在此双击选中的目标图片。

3．这时被选中的照片就会打开在显示区中，如图 2-11 所示。

界面中间会显示选中的照片。

图 2-11　显示区中的图片

新版“光影”界面采用黑色为主色调，同时加入蓝色点缀，在处理美照的时候有更享受的视觉体验。我们可以看到新版的界面比起之前有了很大的改变，菜单栏变得更加简洁、明了，功能清晰明确，初级玩家可以很容易上手。

好了，现在《光影魔术手》已经处于工作状态了，可以看到它的主操作界面分为五大部分。

1．最上面一层是第一部分，为工具选项，如【打开】【保存】【另存】【分享】;【尺寸】【剪裁】【旋转】;【边框】【拼图】【模板】等，工具栏按钮的图标比较大，这样在用户选择时很方便点击，有些按钮还带有下拉菜单，便于执行选择性操作。

2．下面一行是第二部分，为操作栏，均为操作动作，可以随时执行撤销或保存等动作。

3．界面中部的图片显示区是第三部分，《光影魔术手》分配了足够大的空间用于显示数码照片，这样便于我们对照片的观察和修饰。

4．第四部分为界面最下面的状态栏，显示图像文件相关信息和显示的方式。

5．第五部分为菜单选项，位于主界面的最右端。其中右上方为四个选项，包括【基本调整】【数码暗房】【文字】【水印】，其下方是四个操作的详细信息。【基本调整】有数码补光、减光、调色阶等选项；通过【数码暗房】用户可以十分直观地根据每个图例来选择自己需要和喜欢的效果；【文字】和【水印】功能可以用来随意地在照片上添加文字和水印。

读者可参照图 2-12 了解这五部分的内容。

图 2-12 主操作界面

扶正倾斜的照片

一般而言，在拍摄时我们目镜头中的景物是垂直或是水平的，但是由于手持相机的方向不稳，致使得到的数码照片与水平或竖直方向有一定的角度，不能达到预期效果。这类情形是普通摄影者经常遇到的问题。本节中我们将用《光影魔术手》的“旋转”与“裁剪”功能来解决这一常见问题。

首先，我们来看一张有问题的照片。在图 2-13 中，远处的海平面与水平方向有一个明显的倾角。现在要将这个倾角摆平，请按如下步骤进行操作：

如果不是海平面的线可能很难发现这是一个明显倾斜的照片。

图 2-13 倾斜的照片

1．点击工具选项中的【旋转】，工具栏下方会出现一小行操作，如图 2-14 所示。

图中可以看到《光影魔术手》提供了两条互相垂直的参考线，这样便于调整位置。

图 2-14　旋转操作演示

2．可以依照实际情况调整旋转角度，《光影魔术手》提供了一个调整旋转照片角度的便捷方式，可以按照图 2-14 中提示的说明，用参考线标定实际要调整图片的角度。

图片旋转以后会出现一些空白，勾选自动裁剪，“光影”会自动帮你裁剪掉多余部分。

图 2-15　旋转后的照片

3．调整好角度后，可以通过图片显示区来查看效果。图 2-14 所示为旋转后的照片。

4．在点击【确定】按钮前，由于旋转过的照片会造成边角的错落，选择【自动裁剪】功能，可以把照片多余的部分裁剪掉，如图 2-15 所示。

5．单击【确定】按钮，完成旋转调整。

6．如果不满意旋转后的照片，可以点击【还原】恢复旋转操作。

7．点击【对比】，可以观察两幅图的差异，如图 2-16 所示。

图 2-16 修改前后对比

经过裁剪的照片会有一部分损失，所以通过对比可以看到，旋转之后的图片要比之前小一些。

现在，一幅倾斜的照片就基本上修改好了，最后我们需要把改后的照片保存起来，具体操作步骤如下：

1．单击工具栏中的【另存】按钮，弹出“另存为”对话框，如图 2-17 所示。

2．为改好的照片起一个名字，单击【保存（S）】按钮，弹出“保存图像文件”对话框，选择好保存路径。

3．单击【保存（S）】按钮，完成保存。

至此，我们已经将如何修正倾斜的照片介绍完了。

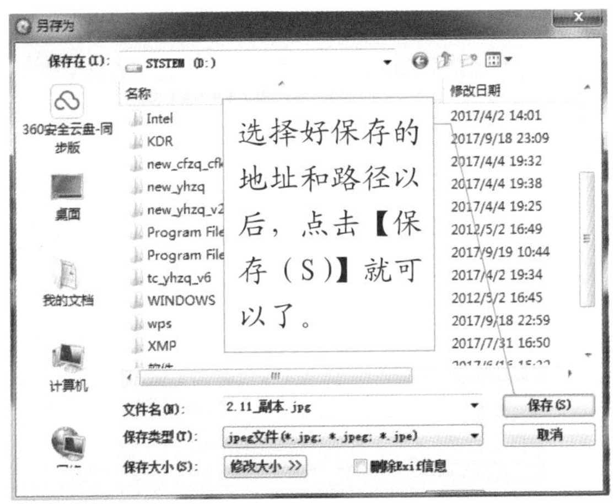

图 2-17 保存图片

修复失焦和偏色的照片

在平时的拍摄中，我们经常会遇到图像整体的颜色失真或者照片看上去模糊不清的情况。其实这些现象主要是由拍摄环境光线的变化和按下快门前的对焦失误所造成的。《光影魔术手》提供了神奇的一键修复偏色图片的“白平衡”功能。同时，你可以调节“清晰度”来纠正模糊失焦的照片。

图 2-18　偏色的图片

我们在室内的白炽灯下拍出的图像色彩会有一些偏红。图 2-18 所示的照片就存在这一类问题。

我们按如下步骤对其进行修复：

1．在菜单选项中，选择【基本调整】|【严重白平衡】。

2．执行后，“光影”会在瞬间对图片进行修复，如图 2-19 所示。

3．对于偏色问题不很严重的照片，可以选用【基本调整】|【自动白平衡】来调整。

图 2-19　使用【严重白平衡】命令

4．对比白平衡调节前后的效果。单击工具栏中的【对比】按钮，弹出图 2-20 所示的图片对比对话框，你会惊奇地发现照片中的物体都恢复了本来的颜色。

图 2-20　白平衡效果对比演示

5．最后，点击工具栏中的【另存】按钮，保存调整好的图像。

【自动白平衡】功能对于略微有点偏色的照片，可以进行自动校正，效果比较好。例如白天自动挡拍摄的照片、用扫描仪扫的图片，这类照片大都可以用【自动白平衡】功能进行校正。【严重白平衡】功能是专门用来应付那种偏色相对严重的照片的。

在此，有必要简单说明一下什么是"白平衡"及其带来的影响。白平衡的英文名称为"White Balance"。白平衡，字面上的理解是白色的平衡。白平衡是描述显示器中红、绿、蓝三基色混合生成后白色精确度的一项指标。白平衡的基本概念是："不管在任何光源下，都能将白色物体还原为白色"，对在特定光源下拍摄时出现的偏色现象，通过加强对应的补色来进行补偿。

物体颜色会因投射光线颜色产生改变，在不同光线的场合下拍摄出的照片会有不同的色温。一般来说，CCD 没有办法像人眼一样自动修正光线的改变，所以会产生颜色偏差，例如：在日光灯的房间里拍摄的影像会显得发绿，在室内白炽灯光下拍摄出来的景物就会偏黄，而在日光阴影处拍摄到的照片则莫名其妙地偏蓝。总之，这些应该是白色的拍出来反而不白的现象就是白平衡出现了问题。

下面我们再来看一张问题比较复杂的照片。在图 2-21 中，照片不但整体颜色偏黄，而且人物看上去也模糊不清。要处理一张这样的照片，除了用到以上提到的白

平衡调整以外，还要用“清晰度”调整来进行模糊失焦的纠错。具体操作步骤如下：

图 2-21　偏色失焦的照片

1．首先，我们将对照片做白平衡调节处理。单击【基本调整】|【严重白平衡】按钮。

2．点击工具栏中的【对比】按钮，查看对比效果。

3．单击【基本调整】|【清晰度】按钮，下方弹出清晰度的调整，用鼠标左键调节清晰度，直到满意为止，如图 2-22 所示。

4．点击【确定】按钮，完成锐化设置。

图 2-22　清晰度调整演示

5．最后，点击工具栏中的【另存】按钮，对调整好的图像进行保存。图 2-23 是修改前和修改后的照片对比，你会发现照片上的人物不仅变清晰而且颜色也正常不少。

好了，通过这两节的实例讲解相信你已经对《光影魔术手》这款软件有了大概的了解。我们可以利用《光影魔术手》对所拍摄的照片进行后期的修改和补足，这对爱好摄影的初级玩家来说是十分令人欣喜的，是不是觉得《光影魔术手》十分神奇呢？还有更多的功能我们在后面继续学习吧。

图 2-23 修复失焦及偏色对比

处理曝光缺陷的照片

对于摄影初学者来说，照片曝光量的把握不是一件容易的事情。一旦快门和光圈没调整好就会得到曝光不足或曝光过度的照片。现在有了《光影魔术手》这个照片后期处理软件，这些曝光问题都可以轻松解决。它提供的“数码减光”与“数码补光”处理效果会给你处理此类照片时带来不小的惊喜。

曝光不足的照片往往发黑发灰，没有对比度和层次感，图 2-24 中所示就是一张这样的照片。此类现象往往由摄影时天气、时间、光线、技术等原因造成。《光影魔术手》可以采用非常简捷的方式进行后期纠正，具体步骤如下：

1. 点击工具栏中的【打开】按钮，打开要进行修改的图片。

图 2-24 曝光不足的照片

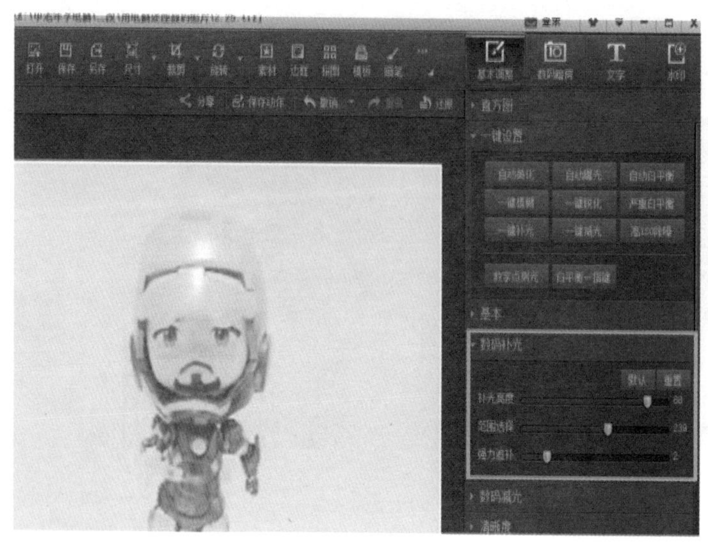

图 2-25　数码补光

2．单击菜单选项中的【基本调整】|【数码补光】按钮，弹出如图 2-25 所示的“补光”操作栏；其中包含“补光亮度”“范围选择”“强力追补”三个选项。

3．根据实际需要用鼠标左键分别调节数码补光的“补光亮度”“范围选择”及“强力追补”的力度。示例中“补光亮度”为 88，“范围选择”为 239，“强力追补”为 2。

4．单击【确定】按钮，完成补光调节。

5．在保存前先点击工具栏中的【对比】按钮，观看最后修改的效果，如图 2-26 右图所示。怎么样，清晰多了吧，相信你现在一定会十分惊讶《光影魔术手》这一神奇的处理效果。

6．最后，单击工具栏中的【另存】按钮，对调整好的图像进行保存。

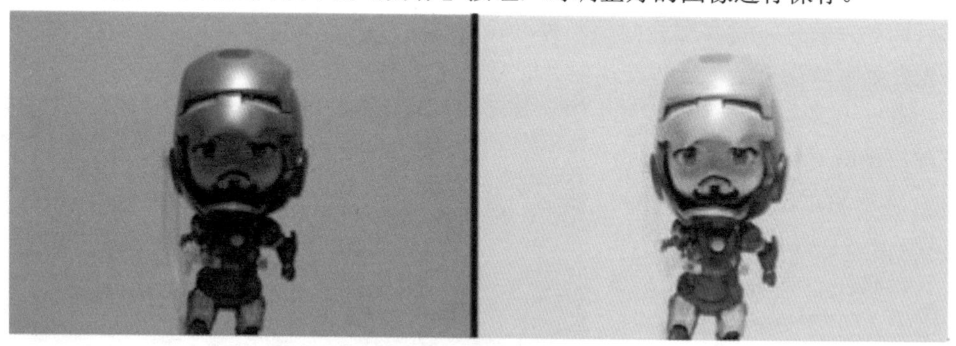

图 2-26　数码补光对比

同理，对曝光过量的照片修复，可选中【基本调整】|【数码减光】按钮，以类似数码补光的步骤操作，根据自己的实际需要来调节减光的程度。图 2-27 中是对曝光过度照片处理前后的效果对比图。如果你对相机曝光的概念有所疑惑，可参阅第一章的相关内容。当然，如果你手上正好有类似的照片，不妨现在就用《光影魔术手》进行修改，体会一下这个工具的方便之处。

修改前

修改后

图 2-27　数码减光效果的演示

改变照片的大小

由于目前数码相机性能提升很快，用数码相机拍摄的图片普遍像素和分辨率都很高，存储时单张照片所占容量都很大，加大了我们存储的困难。同时，图片过大无疑要占用更多的资源，如限制利用网络或手机对其传输等。故本节将介绍影响图片大小的因素及如何改变图片的尺寸。

在更改图片的大小前，我们先来了解目标照片的相关信息。具体步骤如下：

1. 单击工具栏中的【打开】按钮，选择要打开的目标图片。所打开的图片如图 2-28 所示。

图 2-28　打开需要改变大小的照片

2. 用鼠标点击状态栏的【图片信息】，会弹出这张照片所有的相关信息，其中就有图片尺寸和文件大小。可以看到这张照片的大小是 8.39 MB，图片尺寸为 5184×3458 像素，如图 2-29 所示。

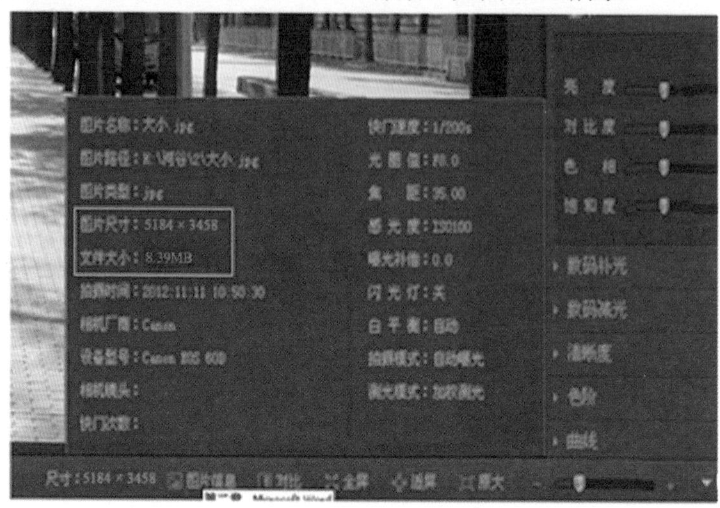

图 2-29　显示图片信息

这么大的图片要想粘贴到网上的帖子里，往往受文件尺寸的限制可能无法成功，更不要说想在手机上输送这样的照片了。这时，我们可以通过“光影”的“缩放”功能，把照片的长宽尺寸缩小，适当降低一点输出质量，以控制文件的大小。

具体操作步骤如下：

1．单击工具栏中的【尺寸】按钮，下方弹出图 2-30 所示的对话框。

图 2-30　改变图片尺寸

2．在此调整新图片的宽度和高度；也可以锁定宽高比，整体按比例缩放。

3．点击工具栏中的【另存】按钮，将缩放后的图片保存。这里可以看看执行“缩

放”命令后照片的实际大小。将其打开后，信息栏中显示文件大小变为 647 KB，图像大小为 2229×1456 像素，如图 2-31 所示。

最后，我们来归纳一下与图片大小有关的因素：照片尺寸越大，输出质量越高；图像越锐化，相应地文件的尺寸就会越大。所以，我们在拍摄和后期处理照片时要兼顾照片质量和存储空间，不要一味地追求高分辨率而忽略了存储空间的因素。

《光影魔术手》提供了照片的详细信息，可以全方位地了解照片信息。

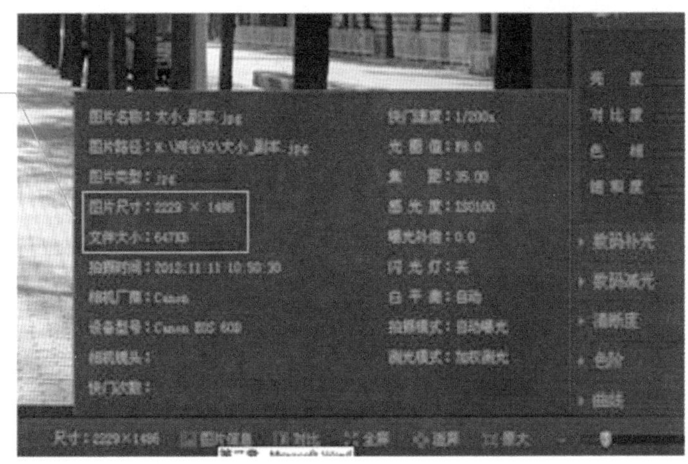

图 2-31　改变尺寸后的图片信息

处理背景杂乱的照片

我们在拍照的时候会发现，总是很难避免路过的人、突兀的背景，把不该拍的内容拍进来，不是这里多个人就是背景太杂乱。很好的一张照片却被这样的小瑕疵给毁掉了，后期处理能否解决这样的问题呢？《光影魔术手》就给我们提供了一招，可以把不和谐的因素都“消灭”掉，只留下我们最美的一面。

这就是《光影魔术手》的“裁剪”功能。新版里的剪裁功能十分方便易用，并且加入了按证件照片规格比例进行裁剪，确定裁剪后会自动缩放到规定的尺寸，一步到位，方便人们按尺寸排版、打印照片。现在，我们就一起来裁剪一张照片。具体操作步骤如下：

1. 点击工具栏中的【打开】按钮，打开要修改的照片。

2. 单击工具栏中的【裁剪】按钮，这时在照片中用鼠标左键可以拖曳出裁剪框，如图 2-32 所示。

图 2-32　裁剪操作

3．用鼠标调整裁剪框，把不需要的背景放到裁剪框之外。这里你可以用鼠标左键拖动虚线框的边缘，来确定圈选范围，并移动虚线框来确定选取的部位。裁剪框的比例也可以调整，点击“宽高比”对话框，可以调整选择裁剪框的比例。

4．右方的“旋转角度”可以旋转照片的角度；“圆角”指的是裁剪以后的照片四角将变成圆角。

5．裁剪完成以后，只需要双击鼠标，即可完成操作，如图 2-33 所示。如果不满意刚才的操作，可通过工具栏中的【撤销】或【还原】命令回到之前未裁剪的状态。

裁剪以后的照片去掉了周围的一些背景，突出了人物。

图 2-33　裁剪效果演示

“裁剪”功能新增了一些证件照片规格，但也可以通过《光影魔术手》的照片

规格管理功能添加自己希望的比例规格，这样使用时也很方便。常用的照片规格如图 2-34 所示。

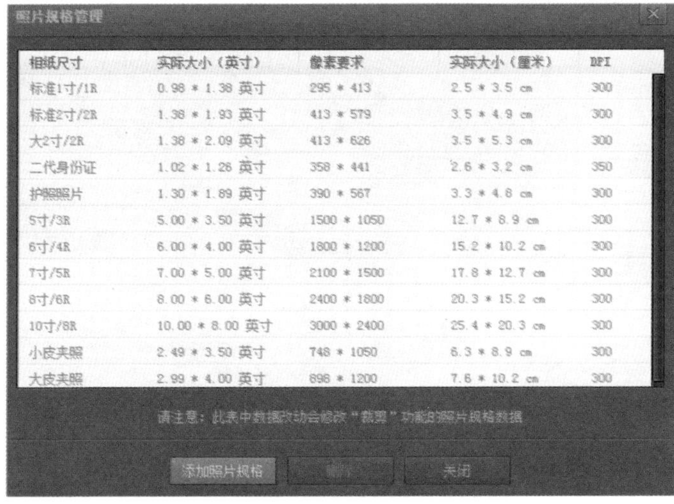

相纸尺寸	实际大小（英寸）	像素要求	实际大小（厘米）	DPI
标准1寸/1R	0.98 * 1.38 英寸	295 * 413	2.5 * 3.5 cm	300
标准2寸/2R	1.38 * 1.93 英寸	413 * 579	3.5 * 4.9 cm	300
大2寸/2R	1.38 * 2.09 英寸	413 * 626	3.5 * 5.3 cm	300
二代身份证	1.02 * 1.26 英寸	358 * 441	2.6 * 3.2 cm	350
护照照片	1.30 * 1.89 英寸	390 * 567	3.3 * 4.8 cm	300
5寸/3R	5.00 * 3.50 英寸	1500 * 1050	12.7 * 8.9 cm	300
6寸/4R	6.00 * 4.00 英寸	1800 * 1200	15.2 * 10.2 cm	300
7寸/5R	7.00 * 5.00 英寸	2100 * 1500	17.8 * 12.7 cm	300
8寸/6R	8.00 * 6.00 英寸	2400 * 1800	20.3 * 15.2 cm	300
10寸/8R	10.00 * 8.00 英寸	3000 * 2400	25.4 * 20.3 cm	300
小皮夹照	2.49 * 3.50 英寸	748 * 1050	6.3 * 8.9 cm	300
大皮夹照	2.99 * 4.00 英寸	898 * 1200	7.6 * 10.2 cm	300

图 2-34　照片规格管理

一键设置，省心省事

《光影魔术手》相对于 Photoshop 等专业软件来说，它最大的特点就是易学好用，使用者并不需要特别多的专业知识，就能处理一些照片的基础问题。它易学、易掌握的特点，突出地表现在一键设置这样的智能化功能，使用者只需要点击一下鼠标，它就能自动地帮你处理照片，而不需要你费力地了解其中的原理和过程。

新版《光影魔术手》在“基本调整”选项里，就提供了十种“一键设置”功能：【自动曝光】【自动白平衡】【严重白平衡】【一键模糊】【一键锐化】【高 ISO 降噪】【一键补光】【一键减光】【数字点测光】和【白平衡一指键】，如图 2-35 所示。

之前的章节里我们已经介绍了白平衡以及模糊清晰度等功能，这里简单地介绍一下“数字点测光”功能，其他功能从字面意思我们就能大致了解其含义。

所谓“点测光”，就是指对以焦点为中心的很小区域内进行测光，即对某一个准备拍摄的画面中认为最适合地方进行测光，该点通常是整个画面的中心，而对于画面中其他部分的光线不进行测量和控制。这种方法用处在于：当你想要对画面中

图 2-35　众多的一键设置功能

某一点进行准确曝光，整个画面就围绕这一点服务，其他部分曝光合适与否不影响主题的拍摄。比如，在户外拍摄环境人像，而背景适当过曝或欠曝对拍摄者来说并不重要，只要保证人面部曝光准确、肤色基本真实即可。

我们以图 2-36 为例来说明这个道理。左图是使用了点测光模式进行拍摄的图片，但是，由于点测光的测点错误地放在了背景的天空，造成画面的主体即人物脸部非常阴暗；右图同样使用了点测光模式进行拍摄，同左图不同，这张照片在拍摄时将测光点放在了画面主体——人物的脸部，所以人物脸部曝光正确。

图 2-36　点测光的应用原理

玩摄影的朋友都非常清楚的一个功能：对焦与测光分离，这能给我们带来更丰

富的拍照效果体验，同样的对焦目标，因为测光点不同，拍摄成片效果迥异。比如在拍摄人像的时候，对焦目标一般都集中在人物身上，但是由于对焦点的选择不同，我们可以拍出各种细腻精致的人像，也可以拍出对比强烈的人物剪影。

“数字点测光”的功能是《光影魔术手》里曝光设置调节的一种，通过“数字点测光”可以处理照片曝光不足的问题，其具体操作方法如下：

1．打开一张曝光不足的照片。

2．选择菜单选项【基本调整】|【数字点测光】，会弹出“数字点测光”对话框，如图 2-37 所示。

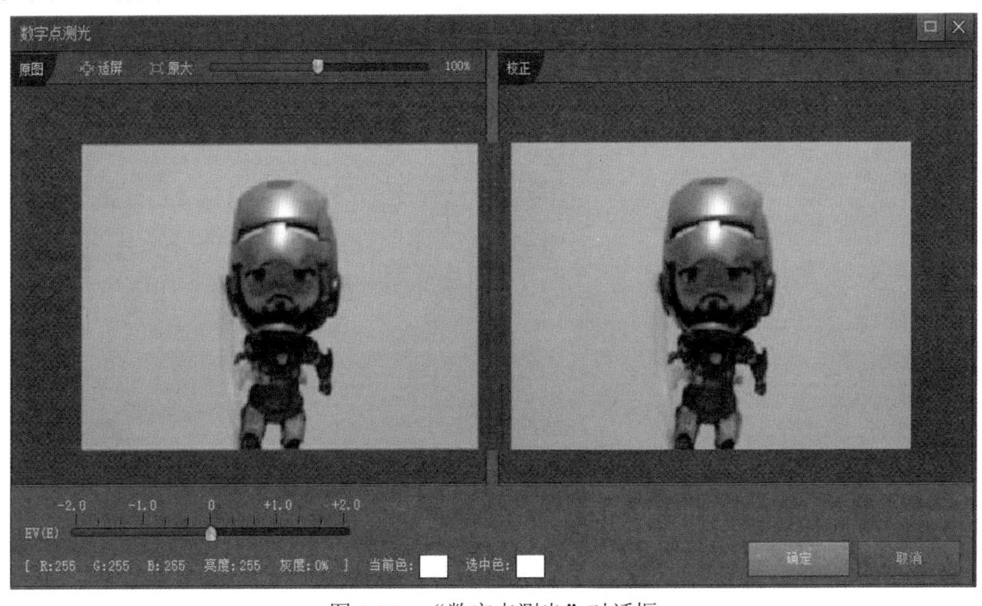

图 2-37　“数字点测光”对话框

3．对话框里会在左右两边同时出现原图和修改后的图片，把鼠标放到原图方框里，会自动出现十字光标，单击选择一个曝光参考点，软件会自动迅速地修正该点的亮度。拉动界面下方 EV（E）值的滑块，将会提高修正点的亮度，并相应地调整全图，这时你可以在界面中明显地观察到这种修改带来的变化，如图 2-38 所示。

4．调整好整体亮度以后，点击【确定】按钮，即可保存调整后的照片。

显然，这个功能是模仿相机中的“点测光”功能而制作的。这种方法的简便之处在于只要用鼠标点击需要变动的参考点，图片的曝光就会相应地发生变化，这样，你可以不断尝试选择直到满意为止，在使用上十分方便、快捷且立竿见影。

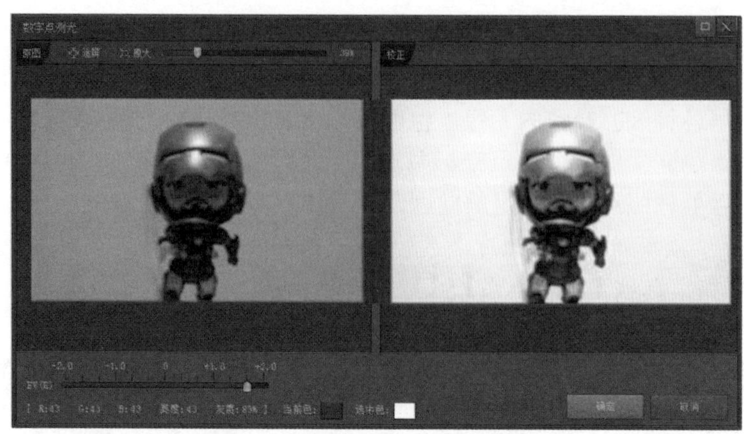

图 2-38 “数字点测光”的效果演示

新版《光影魔术手》新增的功能中，另一个亮点就是界面底部增加了图片池功能，支持一次添加多张图片进入编辑状态。操作上非常简单，点击【打开】命令后，按住 Ctrl 键的同时在同一文件夹里单击选择多张照片，随后你就会发现所选择的照片依次出现在操作界面下方，即所谓的“照片池”里，如图 2-39 所示，这样就可以逐一对所选中的图片进行编辑了。

图 2-39 把需要修改的照片放进“照片池”里

“照片池”功能可以避免使用者一次一次地点击【打开】命令，不停地选择图片，从而节约了时间，方便又省力。

另外，新版《光影魔术手》还增加了【浏览图片】功能，在界面左上方很明显地就能看到它。点击【浏览图片】会弹出“浏览图片”对话框，如图 2-40 所示。图片浏览功能可以帮助我们熟悉计算机里的图片，不至于遗漏和忘记。

这个功能除了能帮助使用者全面浏览计算机里的图片外，也方便了对图片文件夹的“批量处理”操作，批处理功能我们将在后面的章节介绍。

图 2-40　图片浏览演示

通过上一章的学习，我们已经对《光影魔术手》这套软件有了大概的了解。一张高水平的照片总是能抓住所拍对象最完美的瞬间。对拍摄对象细节的刻画，尤其是对人物面部表情及局部细节的描绘是决定一张照片质量好坏的关键。

不过，在拍摄过程中往往受拍摄环境或摄影水平所限，得到的照片总是存在着这样或那样的问题，不能达到我们最满意的效果。《光影魔术手》针对人物照片常见的这些问题提供了相应的后期处理功能及特效。

相信你学习完本章后，一定会对人物照的修复很有心得，并且会对《光影魔术手》这款软件爱不释手。

第三章

人像美化　功能实用

本章学习目标

◇ 人像美容——去红眼

学习如何去掉人像照片中的红眼问题。

◇ 人像美容——去斑点、去痘痘

学习如何美容人像，如去斑点、去痘痘。

◇ 人像美容——细化、美白皮肤

学习如何美容人像，让皮肤变得更精致。

◇ 人像美容——修正照片黄色

学习如何纠正照片的偏色，让照片更加真实美观。

◇ 人像特效——黑白、反转片效果

学习如何制作黑白和反转片效果。

◇ 人像特效——影楼风格效果

学习如何制作影楼风格的照片，提升照片的艺术档次。

◇ 人像特效——绘画效果、雾都模式

学习如何制作绘画效果、浮雕效果以及流行的雾都模式。

◇ 人像特效——LOMO 风格

学习如何制作 LOMO 风格，使照片别具风格。

◇ 人像特效——旧像效果

学习如何制作旧照片效果，玩一把时空腾挪。

◇ 实用功能——制作证件照

学会如何制作证件照，不用再去照相馆啦！

人像美容——去红眼

从这节开始，我们来学习人像照片系列的处理。首先，我们来看看经常遇到的一种问题——“红眼”照片，这种现象是相机的闪光灯对人眼照射后反光产生的，令人看了很别扭。

产生红眼的原因，是相机的闪光灯与镜头距离过近，使用闪光灯拍照时，人的眼底视网膜血管充血反光引起的（这也是给婴儿拍照绝不允许使用闪光灯的原因）。尼康 5200 防红眼的措施是采取闪光灯先闪几下，让人眼瞳孔预先收缩，这样再拍照就可以减少视网膜血管的反光。这种办法在拍摄实践中有一定作用，但不能百分之百地解决问题。《光影魔术手》专门提供了去红眼功能，利用这一功能可以极为容易地去掉刺眼之处。

下面我们就一起来动手处理“红眼”照片。图 3-1 所示，就是一张典型的红眼照片，小男孩黑黑的瞳仁变成了红色，实在令人难以接受。要想将其恢复到以前的本色，具体操作步骤如下：

我们遇到的红眼情况，以前传统的摄影技法很难改变，现在用《光影魔术手》之类的软件能够很方便地解决问题。

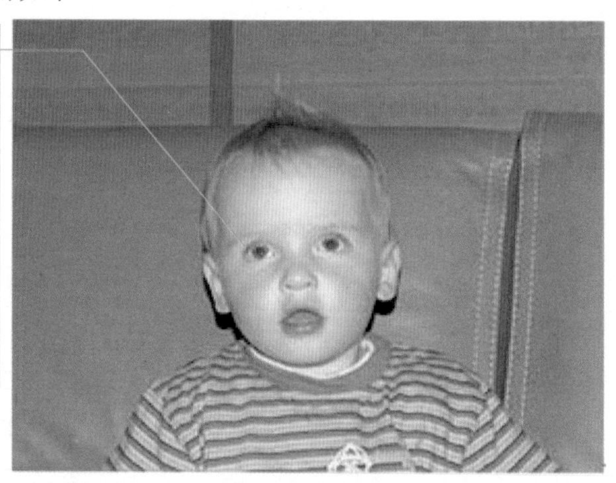

图 3-1　人像红眼

1．单击工具栏中的【打开】按钮，打开目标照片。

2．点击菜单选项中的【数码暗房】|【人像】|【去红眼】按钮，弹出如图 3-2 所示的“去红眼”操作栏。

3．在此栏中进行参数设置。用鼠标左键调节“半径”大小和“力量”值的强弱，如图 3-2 所示。你可以根据照片的实际情况进行调整，这里将“半径”大小调整为

12，“力量”设为 120。

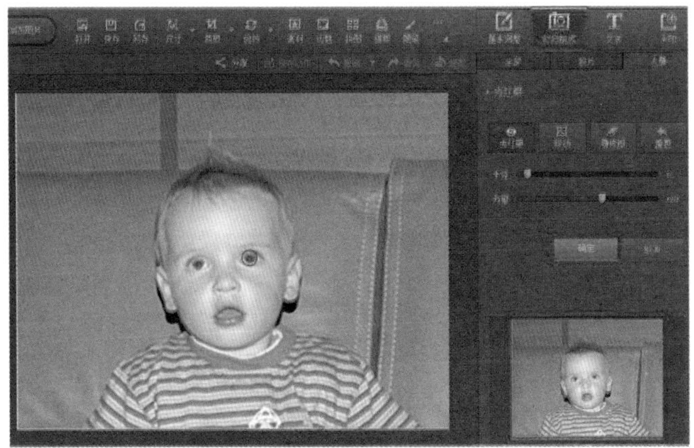

图 3-2　去红眼操作演示

提示　在细节的调整上，我们不能过于着急，在操作中“力量”及“半径”数值的选取要由小到大进行。

4．设置完成后，用鼠标左键在照片中有红眼的地方点击几下，直到红眼褪去。

5．点击【确定】按钮，完成调整。

6．接下来，看看我们的修复效果如何。单击工具栏中的【对比】按钮，弹出如图 3-3 所示的图片对比画面。

7．最后，点击工具栏中的【另存】按钮，在弹出的“另存为”对话框中设置保存的路径，将去掉红眼的照片保存。

现在是不是觉得小男孩更可爱了？只要按照步骤一步一步操作就可以了。

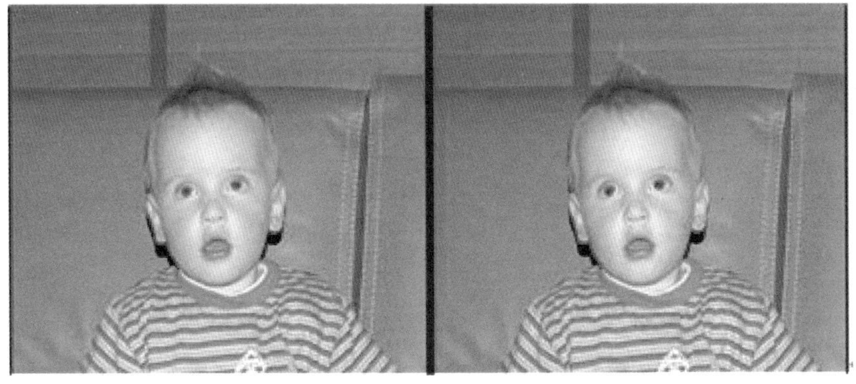

图 3-3　去红眼效果对比

人像美容——去斑点、去痘痘

当你向别人展示照片时，肯定不愿把自己不完美的一面展现出来。如果你的照片有美中不足的地方，不妨让《光影魔术手》来给你的照片做一下美容，它不但可以抹去你脸上的雀斑和小痘痘，还能帮你除去记录岁月痕迹的皱纹。如果你正急于寻求这样的帮助，那么就请一起来动手做吧。

图 3-4　雀斑照片

图 3-4 中，满脸雀斑的女士笑起来总叫人觉得有些不舒服。下面就用《光影魔术手》的去斑功能除去她脸上的雀斑，让她看上去笑得更灿烂。具体操作步骤如下：

1. 单击工具栏中的【打开】按钮，打开目标照片。

2. 点击菜单选项中的【数码暗房】|【人像】|【去斑】按钮，弹出“去斑”的操作界面，如图 3-5 所示。

图 3-5　去斑操作

3. 进行参数设置，用鼠标左键调节“半径”大小和“力量”值的强弱，可以根据修改操作中的实际情况不断调整。

4. 在去斑操作中，“力量”最大值可调为 200，

建议“力量”从小开始调整，一点点增大，这样修改的图片看上去才自然；“半径”的最大值也是 200。在操作过程中如对所调效果不满意，可以点击【重置】按钮，恢复到修改前的原始图；还可以点【橡皮擦】按钮，擦掉刚才的去斑动作的效果。

5．完成设置后，用鼠标左键在照片中有雀斑的地方反复点击几下。

6．重复步骤 3 和 4，直到雀斑消除为止，效果如图 3-6 所示。

7．点击【确定】按钮，完成调整。

8．最后，点击工具栏中的【另存】按钮，在弹出的“另存为”对话框中设置图片的保存路径，将去斑后的照片保存。

现在她笑得是不是更灿烂更自信了？

你还可以用该功能来去除照片中人脸上的痘痘。图 3-7 所示就是用此方法修改的图片。怎么样，没有痘痘的美女是不是更添加了几分靓丽？

图 3-6 去斑效果演示

同样，你也可以用去斑工具去除皱纹，效果也是十分神奇的。人像除皱纹的操作和去斑的差不多，只是在调整“半径”和“力量”时，要根据不同情况酌情设置。如果你正好有类似的照片，那么，不妨用以上办法试着改一改。

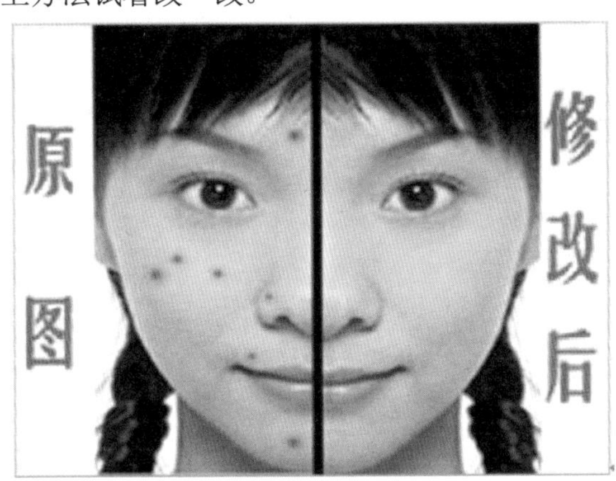

图 3-7 去痘效果对比

人像美容——细化、美白皮肤

在人物照中，粗糙暗淡的皮肤会严重影响照片中人物的形象。对于有着爱美之心的人们来说，总希望处处展示自己的健康美丽，尤其是那些年轻靓丽的女孩子，更希望拥有光滑雪白的肌肤。可是由于自身或拍摄条件的约束，往往得不到自己想要的效果。图 3-8 中有着温暖微笑的女士不仅有雀斑，皮肤也很粗糙，我们仍然以她为例，向你演示人像皮肤美容，具体步骤如下：

1．单击工具栏中的【打开】按钮，打开目标照片。

2．选择菜单选项中的【数码暗房】|【人像】|【人像美容】选项，弹出“人像美容”操作界面，如图 3-8 所示。

图 3-8 人像美容操作

提示 在“人像美容”操作的过程中，“磨皮力度”的设置不要调节得太高，否则人物看上去不是很真实。

3．在所示操作界面中，在人像美容功能中分别设有“磨皮力度”“亮白”“范围”三个可调参数，并且《光影魔术手》给它们设定了预设值，分别是 30%、30% 和 40%。根据实际照片的可调情况，你可以对每一项数值进行细致的调节，实例

中这些参数的值分别是 45%、45%和 50%。

4．完成设置后，点击【确定】按钮，《光影魔术手》将按照你设定的值自动计算处理这些数据。界面的下方有个“柔化”选项，勾选以后，软件会自动处理照片，使得人物更加梦幻和柔和。

5．接着我们来看看“美容”的效果如何。单击状态栏中的【对比】按钮，弹出如图 3-9 所示的图片对比页面。哇！现在这位女士的气色是不是已经发生了很大的变化！

修改前　　修改后

图 3-9　人像美容效果对比

人像美容——修正照片黄色

怎么样，你是不是想要马上拿出自己喜欢的照片进行人像美容处理呢？先别着急，接下来我们还要对这张照片做一个更美的效果——人像褪黄操作，减少一些照片中偏黄的色调。具体操作步骤如下：

1．点击菜单选项中的【基本调整】|【人像】|【人像褪黄】按钮，弹出“人像褪黄”操作界面，如图 3-10 所示。

2．在操作界面中，用鼠标左键调节褪黄的程度，实例中“数量”值调为 180。

3．单击【确定】按钮，即可完成设置。在操作界面的下方还有两个调色选项：“调整色彩平衡”和“调整饱和度”，前者可以矫正图像的偏色，后者可以调整图像的鲜艳程度。

图 3-10　人像褪黄操作

提示　在“人像褪黄”操作的过程中，“数量”的数值不要调得太高，否则人物看上去不是很真实。

4．点击状态栏中的【对比】按钮，会出现如图 3-11 所示的照片对比界面，右图为最终修改好的效果。

5．最后，点击工具栏中的【另存】按钮，在弹出的“另存为”对话框中设置照片的保存路径，将照片保存起来。

修改前　　　　修改后

图 3-11　人像褪黄效果对比

以上 4 节介绍了《光影魔术手》人像美化的 4 个功能，可以修饰和优化由于人物本身和摄影技巧造成的照片的小缺陷。我们手里的照片并不是一次只能用一个效果来美化，你可以根据照片的实际情况和实际需要来综合运用各种功能，来达到美化照片的效果。如图 3-12 所示，就是综合使用了去斑、美容和褪黄等功能。

修改前

修改后

图 3-12 人像功能综合处理效果对比

后期的处理可以使人的皮肤看上去像婴儿的一样细致和亮白，但在处理的过程中也不能一味地追求美容而使照片变得过于不真实，不真实的照片也会使人产生反感，所以我们要灵活运用《光影魔术手》制作出美观又真实的照片。

当你在报刊亭里看见杂志上模特的好皮肤，是不是很羡慕？那还犹豫什么，快用光影魔术手来美化自己的照片吧，你也可以像杂志的模特一样哦。

人像特效——黑白、反转片效果

在如今充斥着色彩的世界里，你是不是有时会怀念黑白照那种比较特殊的效果呢？目前，虽然很多数码相机内置了黑白拍摄模式，但基本上只是对照片进行简单的去色处理，拍出来的照片与传统的黑白摄影相去甚远。《光影魔术手》这套软件就提供了专业的黑白照片及旧像效果的处理功能。

玛丽莲•梦露这位曾经红极一时的美丽女神将会作为黑白的永恒，永远地封存在我们的记忆里。图 3-13 所示就是将彩色照转换为黑白照片的效果图，具体的操作步骤如下：

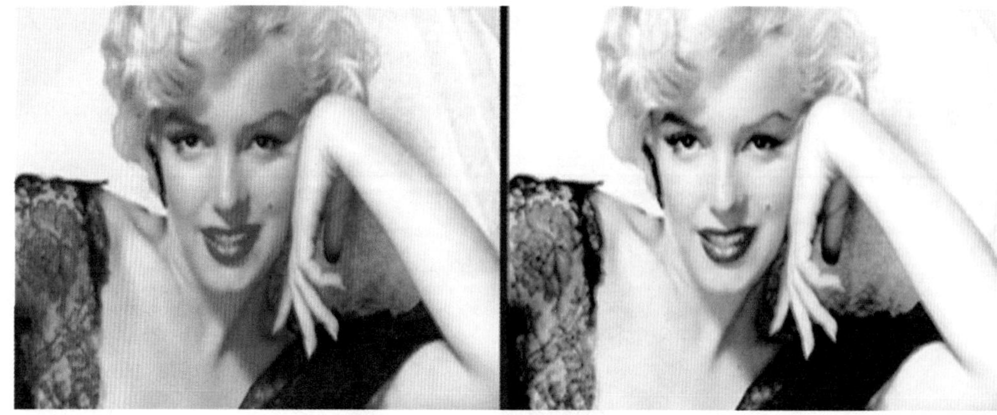

图 3-13　彩色与黑白效果对比

1．单击工具栏中的【打开】按钮，打开目标照片。

2．点击菜单选项中的【数码暗房】|【胶片】|【黑白效果】选项，弹出图 3-14 所示的“黑白效果”操作栏。

图 3-14　黑白效果操作演示

3．调整【黑白效果】选项中的“反差”和“对比”值，《光影魔术手》给它们都设定了预设值，分别是 100 和 10，你可根据实际照片的可调情况对每一项进行细致的调节。实例中这些参数的值分别是 100 和 30。

4．设置完成后，点击【确定】按钮。

新版的《光影魔术手》提供了更多的人像美容风格——胶片效果，进入【胶片】选项，里面包含有“黑白效果”“反转片效果”“反转片负冲”“负片效果”“素淡人像”“淡雅色彩”“真实色彩”“艳丽色彩”“浓郁色彩”9 种效果，每种效果都有示例，你可以浏览示例来选择自己喜欢和需要的效果，十分方便。这里仅对“反转片”效果的制作做一个示范性介绍，其他效果读者不妨自己试一试。

在开始介绍操作之前，先要解释一下什么是反转片效果。反转片是摄影胶片的

一种，使用上与普通负片差不多（即曝光要宁欠勿过），反转片在底片上所呈现的颜色就是实际的颜色。在亮度和清晰度上比负片要好得多，色彩上也非常出色，所以专业摄影人士多用反转片。下面我们来看具体的操作步骤：

1. 单击工具栏中的【打开】按钮，打开目标照片。

2. 点击菜单选项中的【数码暗房】|【胶片】|【反转片效果】选项，弹出图3-15所示的"反转片效果"操作界面。

3. 调整【反转片效果】选项中的"反差""暗部""高光"和"饱和度"值，《光影魔术手》给它们设定的预设值分别是50、50、100和25，你可根据实际照片的可调情况对每一项进行细的调节。实例中，这些参数的值分别设为80、80、100和30；勾选"人像优化"选项，《光影魔术手》将会自动对人像进行整体优化。

图3-15　反转片效果操作演示

4. 设置完成后，点击【确定】按钮。

5. 点击状态栏中的【对比】按钮，会出现如图3-16所示的图片对比页面，右图为最终修改好的效果。

我们可以看到反转效果的照片比原来的照片色彩更为丰富和饱满，反差较大，更容易抓住人们的眼球，所以现在很多杂志和报刊都选用这样的效果。

图3-16　反转片效果对比

胶片效果里的其他效果都可以参照上面介绍的“黑白效果”和“反转片效果”来操作。如果想要使自己手里的照片变得更漂亮，就赶快动起手来，一起来美化我们的照片吧。

人像特效——影楼风格效果

影楼风格的照片具有很强的艺术感，总是给人以朦胧、典雅、华贵的感觉，非常适合配上精美的相框挂在房间墙壁上。《光影魔术手》就提供了专业“影楼风格”的人像处理功能，只要经过几步简单的操作，就能模仿出那种冷艳、唯美的感觉。

新版《光影魔术手》的“影楼风格”效果中除了沿用了之前的 4 种效果之外，还添加了时下流行的“阿宝色调”。这里简单介绍一下什么是“阿宝色调”。“阿宝色调”其实是一种色调的名称，该色调颜色淡雅（浓度为−5～0），色彩的饱和度为−15～−5，整体感觉偏于一种色相。“阿宝色调”使用得当能增添色彩效果，而且颜色十分艳丽。

下面我们就用影楼功能来处理一张照片，介绍其具体用法。操作步骤如下：

1．单击工具栏中的【打开】按钮，打开要调整的目标照片，如图 3-17 所示。

2．点击【数码暗房】|【影楼】，出现 5 个特效：“冷蓝”“冷绿”“暖黄”“复古”和“阿宝色调”。

图 3-17　打开目标照片

3．选择 5 个特效之一的“冷蓝”，弹出操作栏并可在此设置“力量”值。默认情况下，《光影魔术手》将“力量”值预设为 100，如图 3-18 所示。

4．点击【确定】按钮，即可完成设置。

图 3-18 选择“冷蓝”效果

“影楼风格”中的 “冷绿”“暖黄”“复古”及“阿宝色调”同“冷蓝”的调整方法类似，你可以把自己的照片通过这几个效果的调整变得像影楼拍摄的艺术照一样。图 3-19 所示为经过“影楼风格”人像照特效处理后的不同效果。经过简单的几步操作，一张普通的生活照已经脱胎换骨，变得更加唯美梦幻了。这就是《光影魔术手》神奇的地方，不用专业的修片技术，你也可以变成“摄影大师”，不用复杂的专业知识就可以拿出影楼拍摄的照片。

“冷绿”效果

“阿宝色调”效果

“复古”效果

图 3-19 影楼风格演示

人像特效——绘画效果、雾都模式

在如今追求个性的年代里，拥有效果与众不同的照片是非常受时尚男女所追捧的。本节，我们就一起用《光影魔术手》将普通照片制作成别具一格的铅笔画、彩色浮雕效果以及雾都模式。另外，我们还利用该软件的“纹理化”功能将带纹理的纸张代替成照相纸，来体验这种效果所带来的视觉上的美感。

图 3-20　目标照片

首先，我们要做的是把一张普通的彩色人物照片处理成素描铅笔画。具体步骤如下：

1. 单击工具栏中的【打开】按钮，打开如图 3-20 所示的目标照片。

2. 选择【数码暗房】|【风格】|【铅笔素描】，弹出“铅笔素描”对话框。

3. 根据实际需要调节“彩色”值和“扩散”值，实例中将“彩色”值设为 1，“扩散”值调为 9。

4. 点击【确定】按钮完成设置，即可得到图 3-21 所示的效果。

图 3-21　铅笔素描效果

5. 单击工具栏中的【另存】按钮，对处理后的照片进行保存。

经过以上简单的 5 步操作，我们已经将一张普通的彩色照片一下子变成了铅笔素描画图，你是不是感到非常神奇呢？为了使这张处理好了的铅笔素描照片看上去更真实，更像一幅绘在纸上的画，接下来，我们将要对它进行更深一步的处理——将照片纹理化。具体步骤如下：

1. 打开图 3-21 中已经处理好的铅笔照片。

2. 单击【数码暗房】|【风格】|【纹理化】按钮，弹出“纹理化”对话框。

3. 选择纹理类型。新版《光影魔术手》提供了

6 种纹理类型，这里我们根据铅笔画的特性将纹理类型选择为“纸质 2”，你也可以根据自己的实际需要选择。

4．调节“纹理缩放”和“纹理亮度”值，其中“纹理缩放”值可以在 10% 到 150% 之间任意调节，“纹理亮度”的选择范围是 0～100。实例中将“纹理缩放”设为 100%，“纹理亮度”设为 35，最终效果如图 3-22 所示。这里需要说明一点，纹理缩放的程度决定着纹理的密度。纹理的亮度则决定着纹理的颜色深浅，数值越小纹理就越浅。

图 3-22 铅笔素描+纹理化效果

以上步骤只是简单介绍了在《光影魔术手》中如何将普通照片处理成铅笔素描画的纸质效果。最后，我们再来看看如何制作照片的浮雕 + 砖墙效果。具体步骤如下：

1．执行【数码暗房】|【风格】|【浮雕画】命令，在弹出的“彩色浮雕”对话框中调节浮雕值。

2．调整完成后，执行【数码暗房】|【风格】|【纹理化】命令，在弹出的“纹理化”对话框的“纹理类型”中选择“砖墙”，然后调节“纹理缩放”和“纹理亮度”值。

3．点击【确定】按钮，完成设置后的效果如图 3-23 右图所示，是不是很神奇呢？最后，不要忘了将处理过的照片保存起来。

图 3-23 浮雕画效果对比

提示 在彩色浮雕的特效处理前，可以先对照片进行去色，然后再执行此特效，这样会更有版画风味。

2016年首都北京的雾霾引起了全国的关注，旅游的人们纷纷晒出自己在北京雾霾的时候拍摄的照片，表达了人们对我国大气环境恶化的关切和担忧。新版《光影魔术手》增加了“雾都效果”，你可以轻易地把自己手里的照片处理成灰雾朦胧的效果。因此，这里我们也赶一趟热点，跳出人像的制作范畴，用这个功能来制作一个雾霾效果。

当然，我们这里介绍这个功能并不希望读者把自己好端端的照片也处理成雾霾状，给大家心里添堵。相反，利用这个功能倒是可以通过电脑预先演示一下恶劣的雾霾天气会给我们的天空带来何等的恐怖景象，从而进一步增强我们的环境保护意识。具体操作步骤如下：

1. 单击工具栏中的【打开】按钮，打开要调整的目标照片，这是天气晴朗条件下拍摄的什刹海，长街客店，古色古香，游人流连忘返，如图3-24所示。

图3-24　打开目标照片

2. 点击【数码暗房】|【风格】|【雾都模式】，出现雾都模式操作界面，如图3-25所示。

图 3-25 进入“雾都模式”

3．调整选项中的“$PM_{2.5}$”值。《光影魔术手》给定的预设值是 1000，你可根据自己的喜好来调节。实例中，我们也做了极端的假设，将 $PM_{2.5}$ 参数值设置为 1000。

4．在雾都模式操作界面里，还可以选择将图片做修改前后的对比，对比方式也可选择。图 3-26 所示是前后对比图，真是有点惨不忍睹了！

图 3-26 雾都模式效果演示

《光影魔术手》还十分贴心地有环境提示，在图 3-26 中的红色方框内写有：

“$PM_{2.5}$ 是什么？保护环境，从我做起”，希望能够引起人们对环境的关注，关心环境，就是关心自己。

5．点击【确定】按钮，完成设置。

6．单击工具栏中的【另存】按钮，将处理后的照片保存。

人像特效——LOMO 风格

LOMO 是近年来十分流行的一种风格照片，我们可以随处看见网友晒出自己的 LOMO 照片，那我们该如何制作一张 LOMO 风格的照片呢？这一节就一一给大家介绍。LOMO 是列宁格勒光学仪器厂的俄文简称，以制造间谍相机而闻名，相机上都印刻有 LOMO 标志。后来，人们逐渐发现这个厂出产的机器拍出来的照片都很有特点，对红、蓝、黄感光特别敏锐，色泽异常鲜艳，甚至是反传统摄影的特点，比如暗角、畸变、偏色等，这是它慢慢地开始流行起来的原因吧。

LOMO 风格指的是 LOMO 相机拍摄出来的照片风格。《光影魔术手》使我们能够不需要专门购买 LOMO 相机就可以制作出这样的风格照片。操作步骤如下：

1．单击工具栏中的【打开】按钮，打开图 3-27 所示的目标照片。

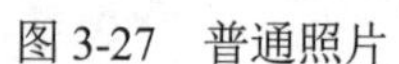

图 3-27　普通照片

图 3-28　LOMO 风格

2．选择【数码暗房】|【经典】|【LOMO 风格】命令，弹出“LOMO 风格”对话框。

3．根据实际需要调节“暗角范围”值、“噪点数量”和“对比加强”值，在图

3-28 所示的实例中将“暗角范围”值设为 90，“噪点数量”值调为 20，“对比加强”依旧保持预设的 100；勾选“调整色调”选项，可以选择你喜爱的各种色调，实例中选择的是偏绿的色调。

4．点击【确定】按钮，完成设置。

5．单击工具栏中的【另存】按钮，将处理后的照片保存。

看看 LOMO 风格的照片是不是很有意思？新版的《光影魔术手》在经典的风格中，除了 LOMO 风格，还提供了“柔光镜”“晕影”“去雾镜”“对焦魔术棒”“着色魔术棒”“晚霞渲染”“褪色旧像”8 种特效，与老版本相比有了更多更丰富的选择，人们可以制作出丰富多彩的各式照片。下面再介绍一个“对焦魔术棒”效果的制作，就是模仿小景深的功能，让背景模糊，学会了这个功能的使用，大家就可以触类旁通地运用其他功能了。“对焦魔术棒”效果的具体操作步骤如下：

1．单击工具栏中的【打开】按钮，打开目标照片（图 3-29）。

2．选择【数码暗房】|【经典】|【对焦魔术棒】命令，弹出“对焦魔术棒”操作界面。

3．操作界面里有【对焦】【移动】【橡皮擦】和【重置】四个按钮，选择【对焦】按钮以后，调节“对焦半径”大小可以控制清晰的范围，“虚化程度”越大就越模糊，对焦调整以后，可以通过【移动】按钮来选择更多的清晰范围，【橡皮擦】则是可以做相反的动作；【重置】按钮可以恢复之前不满意的动作。图 3-30 的实例中，是将人像的脸部保持了清晰效果，其他部分则进行了虚化的处理。

4．点击【确定】按钮，完成设置。

5．单击工具栏中的【另存】按钮，将处理后的照片保存。

图 3-29　普通照片

图 3-30　“对焦魔术棒”效果

图 3-30 的人物是不是显得更有重点、更有梦幻的感觉？这就是《光影魔术手》

神奇的地方，这种效果一般都是其他专业摄影用高级的虚化镜头拍摄才能得到的，而现在你只需简单地使用《光影魔术手》就能做到。

人像特效——旧像效果

摄影技术的不断进步，现在拍摄的照片已经很接近人眼的所见，能真实反映事物和人物本身。但是早些年的黑白照片、泛黄的旧照片却依然有很大的市场，人们的怀旧情结体现在喜欢过去的黑白和旧像效果上。《光影魔术手》就为现代的人们提供了简单的途径——通过“数字滤色镜”效果即可得到旧像效果。具体操作步骤如下：

1．单击工具栏中的【打开】按钮，打开图 3-31 所示的目标照片。

2．选择【数码暗房】|【颜色】|【数字滤色镜】命令，弹出“数字滤色镜”操作界面。

3．操作界面里有“滤镜”和“透明度”两个选项，“滤镜”中有很多类型供选择，旧像效果可以用“旧照片色彩”或者“怀旧人像”这两个选择，效果分别如图 3-32 和图 3-33 所示；透明度也可以做适当调节。

4．点击【确定】按钮，完成设置。

5．单击工具栏中的【另存】按钮，对处理后的照片进行保存。

图 3-31　普通照片

图 3-32　旧照片色彩

图 3-33　怀旧人像

通过“数字滤色镜”我们可以看到，照片具有发黄历史感的视觉，只要你经过几步简单的操作，就可以轻松做出这些效果。

【数码暗房】菜单下还有一个“去色”功能，乍一看可能以为同前面介绍的“黑

白效果”功能是一回事，其实两者之间是有区别的。所谓“去色”，就是简单地去掉所有颜色，只保留单纯的黑白灰，得到的并不是高质量的黑白片，有很多细节都会丢失。如果一张颜色不是太好的彩片想要变成好点的黑白片，去色是远远不够的，这就要用到“黑白效果”功能了。此效果可以通过调节“对比”和“反差”滑块，让原照片更好地变成黑白片而不是灰白片。因为，“黑白效果”可以根据参数的调节而显示出来，直到最终得到满意的黑白照片，而这是单纯的去色无法实现的。图 3-34 左右两图是“黑白效果”和“去色”两种操作方式的效果对比图。

图 3-34　“黑白效果”和“去色”操作结果对比

实用功能——制作证件照

大家在日常的生活工作中经常要用到证件照片，我们就经常需要拍一些证件照，例如护照、驾驶照、通行证等，因此，排版、合成和处理证件照是证件照制作中最为关键的环节。大多情况下都是去照相馆拍摄，并且由他们排版冲印。每次去照证件照都手忙脚乱地打扮半天，去到那里又发觉落了这落了那的，使最后得到的照片常常显得十分不自然，而且拍一张标准证件照的花费也并不便宜。

下面我们将用《光影魔术手》提供的“裁剪”及“证件排版”功能设计出自己满意的证件照片，做到既省时、又省力、还省钱。

我们要做的是在一张 5 寸规格的相纸上排版 8 张 1 寸规格的标准照。图 3-35 所示就是完成后的效果图。具体制作方法如下：

1. 首先，点击工具栏上的【打开】按钮，找出一张我们觉得比较满意的照片，如图 3-36 所示。咦！这么大的一张照片是怎么裁剪成图 3-35 中那么小的？别着急，请跟着我一步一步往下做。

图 3-35　证件照排版

提示　在制作证件照片之前，要知道真实证件照的具体规格，即它的长、宽分别是多少厘米或毫米。

图 3-36　照片原版

2．选择【剪裁】选项，调整裁剪框裁剪出人像，把多余的背景去掉，并且选择“按标准 1 寸/1R 裁剪”，得到适合 1 寸照片的尺寸。

3．点击【排版】，在右侧的“排版样式”下拉菜单中选择我们要制作的排版规格，这里选中“8 张 1 寸照—5 寸/3R 相纸”，此时，你就看见了这张照片的 8 张 1 寸照效果排列图，如图 3-37 所示。

4．按照打印输出的实际需要，在“冲印设备分辨率（DPI）”栏，将该值调节到300以上。

提示　若要冲印或者打印出清晰的照片，像这样的效果，其分辨率不应低于300像素/英寸。

5．勾选“照片间用灰线隔开”，方便打印出来以后剪裁。

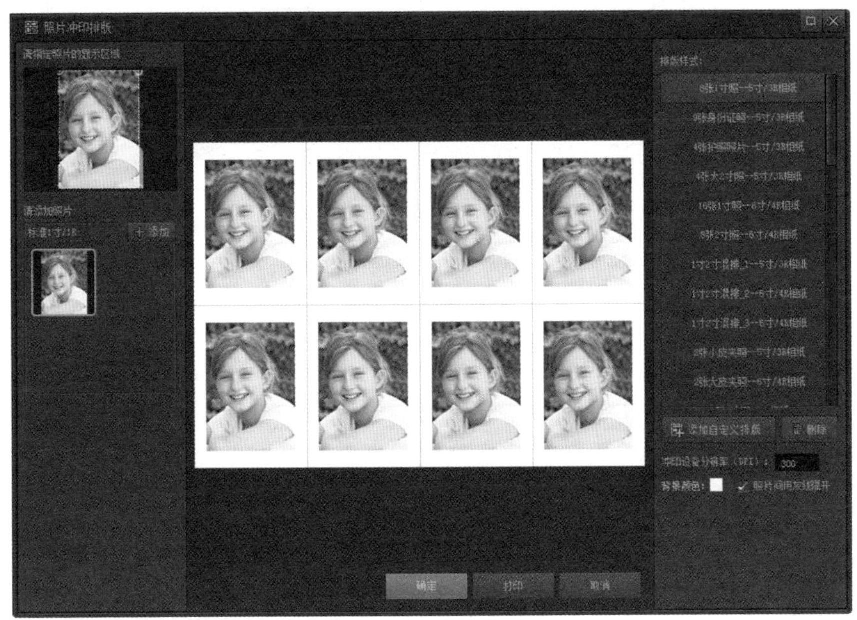

图3-37　1寸照片排版

提示　《光影魔术手》的证件照功能相当方便，它会自动按照你的要求裁剪出相应的尺寸。

6．调整好以上选项以后，单击【确定】就完成了1寸照的排版。

7．最后，点击工具栏上的【另存】按钮，将制作好的证件照保存后即可送到照相馆冲印了。

以上我们介绍的是如何把全部的1寸照片排版成8张输出到5寸相纸的图像文件的制作方法。同时，我们还可以用类似的方法制作两张不同照片的1寸照排版、2寸照排版等，只需要在“排版”对话框里添加不同的照片就可以，效果如图3-38所示。

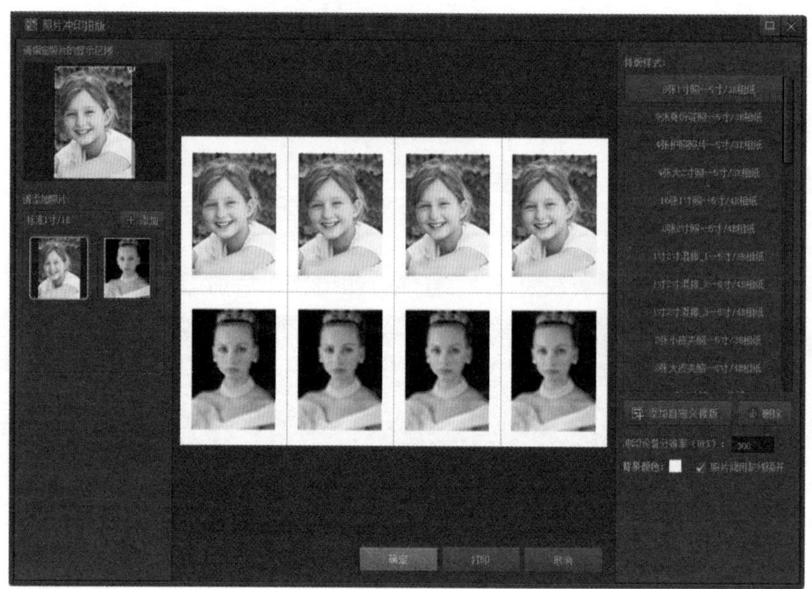

图 3-38　两张照片的 1 寸照片排版操作

提示　对两张不同的照片进行排版时，需要在输入照片框中打开两张不同的照片，然后再进行其他的操作就OK了。

接下来，我们再利用证件照排版功能制作两种不同尺寸照片的混排效果，具体操作步骤如下：

1．打开目标照片；在工具栏中选择【排版】选项。

2．在弹出的“排版”设置窗口中，选中【排版样式】|【1 寸 2 寸混排 2—6 寸/4R 相纸】，如图 3-39 所示。

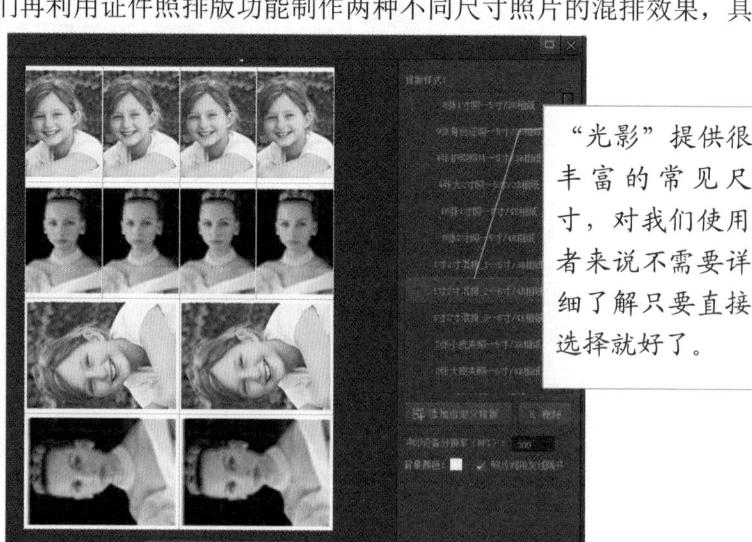

“光影”提供很丰富的常见尺寸，对我们使用者来说不需要详细了解只要直接选择就好了。

图 3-39　两张 1 寸及 2 寸照片混排操作

3．如果要添加多张照片，只需要在相应的尺寸框里选择添加照片即可。

4．单击【确定】按钮，完成操作，最终输出效果如图3-40所示。

5．最后，点击工具栏上的【另存】按钮，将最终排版照片保存到电脑中。

《光影魔术手》提供了很多排版模式，如图3-41所示是“1寸2寸混排1—5寸/3R相纸”的排版效果。怎么样，是不是很简单呢？可以满足你不同的需求。

我们制作完证件照后，就可以送到冲印店对该照片进行冲印。目前冲印一张5寸照片最多不过0.6元，这样算来平均一张1寸照片还不到0.1元，真是既省时又省钱。

这一章主要介绍了《光影魔术手》对人像的后期处理，基本上已经能够满足大部分使用者的需求了。赶紧动手来美化自己的照片吧，不用继续羡慕网上和杂志上那些漂亮的图片，你也可以像它们一样专业地设计美化你的照片了。下一章，我们会继续深入地介绍《光影魔术手》的其他功能。

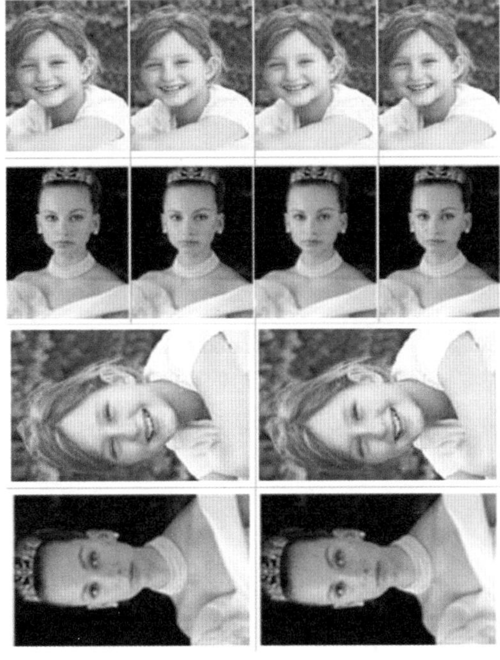

图3-40 “1寸2寸混排2—6寸/4R相纸”效果

图3-41 “1寸2寸混排1—5寸/3R相纸”效果

经过上一章的学习，想必大家对人像照片的基本处理过程已经有所熟悉和了解。不过，前面的工作也仅是对普通的照片做了一些简单的加工处理，照片的艺术气质还远远不够，因此如何将照片修饰得更漂亮，还需要我们进一步研究。

本章将向大家详细介绍如何利用《光影魔术手》为照片进行更精彩的后期修饰，更深入地研究照片的风格化、个性化处理。其中主要包括：为照片添加各种炫目效果的边框，为自己心爱的照片添加个性化的水印、标签，自动批处理照片并将多张照片组合在一起等，这些都是《光影魔术手》非常出色的功能。

第四章

后期特效　锦上添花

本章学习目标

◇ 水彩画和油画效果

学习制作水彩画和油画效果的照片。

◇ 秋意照片效果

学习制作秋意效果的照片。

◇ 给照片添加装饰边框之一

学习如何给照片添加轻松边框。

◇ 给照片添加装饰边框之二

学习如何给照片添加花样边框、撕边边框和多图边框。

◇ 给照片添加标签和水印

学习如何给照片添加标签和水印。

◇ 自动处理照片

介绍自动处理照片的功能。

◇ 多图批量处理

学习批量处理照片。

◇ 制作多图组合照片

学习制作多图组合的照片。

水彩画和油画效果

你是否想过有一天能把自己喜爱的风景照片变成水彩画或油画呢？《光影魔术手》的“颗粒降噪”功能正好提供了这样的特效，只要经过轻松的几步操作，就可以将普通的数码照片制作成逼真的水彩画。图 4-1 所示就是这样的一张效果对比图，下面我们就来看看它是如何制作的。

图 4-1　水彩画效果对比图

具体操作步骤如下：

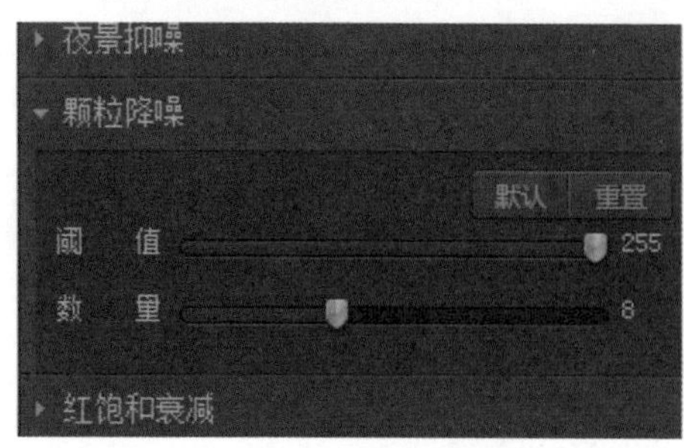

图 4-2 “颗粒降噪”对话框

1．单击【打开】按钮，打开一张风景照片，如图 4-1 左图所示。

2．点击【基本调整】|【颗粒降噪】选项，弹出“颗粒降噪”对话框，如图 4-2 所示。

3．调节参数。“阈值”的可调范围为 0～255；“数量”的最大调节值为 20。

“阈值”参数设置为 255 将会使全图变

得模糊不清。"数量"参数可以在 1 到 20 之间调整，值越大照片变得越模糊。实例中将"阈值"调整为 255，"数量"调为 8，调整后的效果会直接在图片显示区中看到。

4．这样一张水彩画效果的照片就基本做好了。接下来，为了使这张画看上去更逼真，要用纹理化效果为其装饰。

5．选择【数码暗房】|【风格】|【纹理化】选项，弹出"纹理化"调整对话框，如图 4-3 所示。

6．选择"纹理类型"为画布 1，并调节相关参数。

7．点击【确定】按钮，最终效果如图 4-1 右图所示。把照片处理成风景画是不是很有感觉呢？

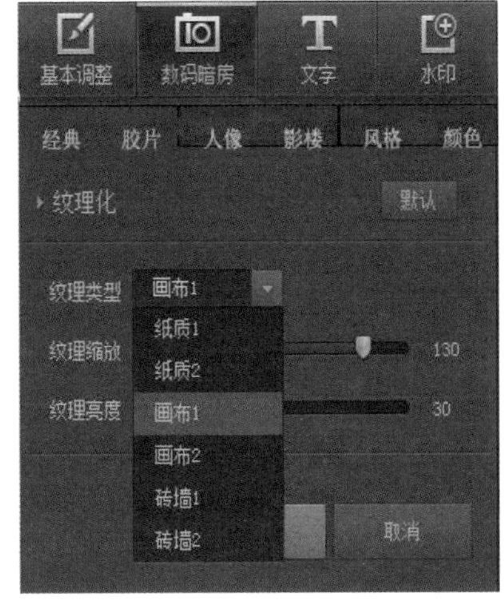

图 4-3　"纹理化"对话框

我们也可以给人物照制作出类似油画的效果。具体操作步骤如下：

1．打开一张人物照片（图 4-4）。

图 4-4　照片原图

2．为了使最终的效果比较明显，我们要增加图片的对比度，让图片看上去更耀眼。单击【基本调整】|【基本】选项，弹出"亮度/对比度/色相/饱和度"对话框，见图 4-4 右侧界面。在此将"亮度"和"对比度"两个参数分别调整为 52 和 45。

3．接下来执行【基本调整】|【颗粒降噪】命令，进行降噪特效处理。

4．为了勾勒出图片主体的外围线条，我们还要进行锐化处理。点击【基本调整】|

【一键锐化】按钮即可得到锐化效果。

5．最后执行纹理化处理，添加画布 2 特效。图 4-5 所示就是最后所处理的油画效果。

图 4-5　油画效果

学习了这一节，你不妨拿出几张自己喜爱的照片按照以上步骤试着做一做吧。

秋意照片效果

满眼秋意的照片总能是给人带来忧郁、凄凉之感，但是把它作为一种效果照片来处理，有时却会另有一番别样的感觉，特别是在到处都充满个性化的时代，你的照片一定要有夺人眼球的效果。在《光影魔术手》中，我们通过调节“通道混合器”的数值就可以使照片轻松地在绿色和黄色之间随意转换，从而达到满眼夏意或秋意这样的特殊效果。制作满眼秋意照片效果的具体步骤如下：

1．单击【打开】按钮，打开一张照片，这里为了增强对比效果我们选择一张葱绿色调的照片，如图 4-6 所示。

2．点击【基本调整】|【通道混合器】选项，弹出“通道混合器”对话框，如图 4-7 所示。

提示　输出通道分为红色、绿色和蓝色通道三种，根据不同通道的选择会产生不同的效果。

图 4-6 照片原图

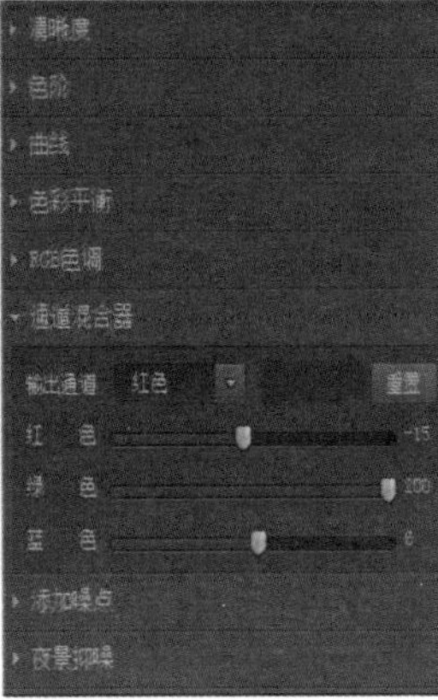

图 4-7 通道混合演示

3．在该对话窗口中选择【输出通道】|【红色】，调节“源通道”中红、绿、蓝三色数值，默认状态下输出值分别为 100%、0%、0%。你可以根据照片色彩的实际需要对它们进行调节，实例中源通道中的三色调节值分别是 −15%、200%、6%。

4．调节后的预览图片将会显示于主体窗口。最后，执行工具栏上的【另存】按钮，保存该效果处理后的照片，如图 4-8 所示。

效果还不错吧。我们用同样的方法也可以制作出满眼夏意的效果图。操作步骤和制作秋意效果图的步骤基本相同，唯一的区别就是在调节源通道中红、绿、蓝三色数值时，把它们分别调整为 12%、−200%、0%。大家在用“通道混合器”处理图像时，可以自行摸索在输出红、绿、蓝三色各种数值时得到的不同效果。

图 4-8 秋意效果演示

提示

通道的概念比较抽象，它是一种灰度图像，用于同一图像层进行计算合成，从而生成许多不可思议的特效。

给照片添加装饰边框之一

从本节开始将向大家介绍照片处理最后阶段所要完成的制作。一张漂亮的照片配上合适的边框才能达到比较完美的效果，所谓“三分画，七分裱”嘛。

图 4-9 所示就是给照片添加的各种装饰边框的最终效果图。下面我们就一起来给自己喜爱的照片添加边框。

图 4-9　边框效果演示

具体操作步骤如下：

1．打开一张照片。点击菜单栏中的【边框】按钮，下拉菜单里有“轻松边框”“花样边框”“撕边边框”“多图边框”“自定义扩边”五个选项，新版的《光影魔术手》提供了相当丰富的素材，可以满足你各式各样的要求，而且素材还在不断地更新和丰富。

2．单击你喜欢的边框，所选相框就自动套用在该照片上了，不满意可以一直试用，直到找到喜欢的边框为止。

3．确定了边框以后，单击【确定】按钮，就完成了边框添加工作。

《光影魔术手》还提供了签名边框设计，可以让你在边框中输入自己喜欢的文字。操作步骤如下：

1．在“轻松边框”选择对话框中，选择好你喜欢的边框后，在对话框的左方点击【添加文字标签】按钮，会弹出如图 4-10 所示的文字标签操作界面。

2．在“文字标签 1”中键入你要输入的文字。本实例中输入的作者签名为“郁金香”。

3．在下方对话框中选择字体、字形、大小、位置等，可以自动添加 EXIF 信息内容（拍摄日期、光圈、快门等）。

4．调整好标签以后，单击【确定】按钮完成设置，效果图如图 4-11 所示。

以上介绍的是内置边框的操作应用，关于外挂边框的使用方法，也是按类似的步骤进行操作的，你自己不妨试一下。

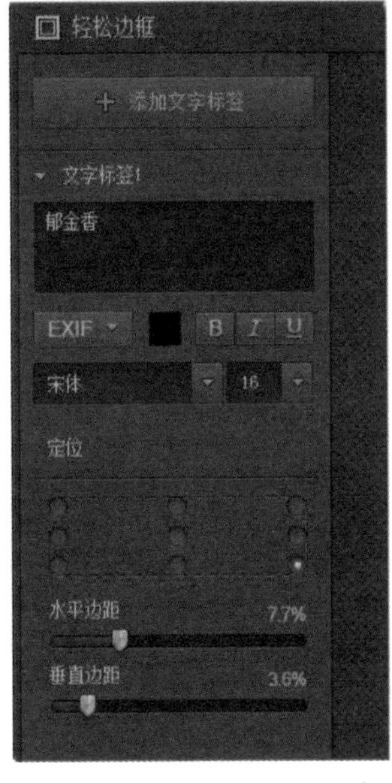

图 4-10　文字标签操作

照片添加边框后，图像大小会自动变大。

图 4-11　文字与边框效果演示

给照片添加装饰边框之二

《光影魔术手》最大的亮点之一就是提供了丰富的边框类型，其中尤以“花样边框”“撕边边框”和“多图边框”最受人们喜爱，越来越多的网上个性照片都会使用边框来装饰，这样的照片可以打上个人的烙印，也在一定程度上防止了网上随意的盗图。这些边框不但样式繁多而且使用方便，相关网站还提供了这些边框素材的下载。下面我们就来继续探索如何给照片加上精美的边框。

首先，我们将学习“花样边框”的使用方法，具体步骤如下：

1．单击工具栏中的【打开】按钮，打开一张照片。

2．选择菜单栏中的【边框】|【花样边框】选项，弹出如图 4-12 所示的“花样边框”对话框，可以看到该对话框中有许多边框供你选择。

在默认状态下，会直接进入“我的收藏”样式里进行选择，这里有常用的受欢迎的花边样式供选择。

图 4-12 “花样边框”操作演示

3．在对话框内有“推荐素材”和“我的收藏”两个选项。“推荐素材”是网友自己设计并上传的，一般是时下较流行的边框，在联网的情况下，你可以直接下载并使用。而“我的收藏”是随软件自带的一些花样边框素材，当你在其他分类中发现喜欢的花样边框时，选中它并单击鼠标右键，再从右键菜单中单击“收藏此边框”，会弹出“收藏边框”对话框，如图 4-13 所示，选择好分类，即可收藏成功。

4．由于《光影魔术手》提供了供爱好者自行设计边框的模式，许多网友将自己设计的边框上传到网络供大家分享，所以大家现在可以下载获得许多漂亮的花样边框。在百度搜索栏键入“光影魔术手边框素材下载”就可以搜索到很多漂亮的边框素材，在这里你可以选择自己喜欢的素材并进行下载。

图 4-13 收藏边框操作

花样边框素材由一个 JPEG 格式和一个 NLF/NLF2 格式的两个同名文件组成。只要在花样边框的收藏目录下（C:\Documents and Settings\AllUsers\Application Data\Thunder Network \NeoImaging\FrameMaterial\Frame）建立一个文件夹，然后把相应后缀名的素材文件复制到该文件夹下即可。文件夹的名称就是“我的收藏”中的分

类名。如果没有把素材文件复制到收藏目录下的文件夹中，而是直接复制到收藏目录下，这些素材将归属于“我的收藏”下的“未分类（根目录)”。素材只识别收藏目录下的第一层文件夹，多层文件夹下的素材将无法被识别。还可以在收藏目录下直接对边框素材进行管理，如添加、删除、重命名、移动等，这些操作完成后再点击“我的收藏”下的【刷新】按钮，就可以立即看到最新的收藏素材啦!

5．点击左键从众多边框中选择自己喜欢的边框。

6．单击【确定】按钮完成选择。图 4-14 所示为不同“花样边框”的最终效果。

7．最后，点击工具栏中的【另存】按钮，保存图片。

图 4-14 “花样边框”效果演示

介绍完花样边框后我们再来看看边框中另一个比较有特色的——“撕边边框”的使用方法。具体操作步骤如下：

1. 首先通过【打开】按钮打开一张照片。

2. 在加边框前对照片做简单的修饰和裁剪，使其可用。

3. 选择菜单栏中的【边框】|【撕边边框】选项，如图 4-15 所示。

4．弹出“撕边边框”对话框，如图 4-16 所示。在“撕边边框”界面右边的样式栏中选择边框的类型，在这里《光影魔术手》提供了花样丰富的边框样式，并且这一部分边框同“花样边框”一样也可以由用户用专业的图像处理软件自行设计。如果你喜欢“推荐素材”里的边框样式，只需要右键单击后选择“收藏此边框”，就可以把边框样式下载到本地使用。素材下载到软件安装驱动盘的“Neo Imaging\Mask”目录下，进入“Mask”文件夹就可以看到这些漂亮的边框。

图 4-15 边框选择项

5. 在“撕边边框”界面左边可以看到“边框效果”样式选择；“撕边边框”可以随意更改边框的样式、颜色以及透明度等来改变所加边框图像的整体透明度。具体细节请参照图 4-16。

6. 完成了这些基本设置以后，点击【确定】按钮，保存设置。

“撕边边框”是《光影魔术手》非常有特色的一项功能，它不但操作简便，而且样式繁多，这是其他图像处理软件不具备的。

图 4-16 “撕边边框”操作演示

7. 单击工具栏上的【另存】按钮，将最终加边框的照片予以保存。

经过这样一个边框的修饰，照片看上去是不是更具有艺术感了。以上就是“撕边边框”的操作方法，感兴趣的朋友不妨自己去试一下。如图 4-17 所示，是几种“撕边边框”的效果。

图 4-17 “撕边边框”效果演示

最后，向大家介绍《光影魔术手》的另一边框功能——“多图边框”的使用。具体操作步骤如下：

1. 通过【打开】按钮打开一张照片。

2. 点击菜单栏中的【边框】|【多图边框】选项，弹出“多图边框”对话框，如图 4-18 所示。

3. 在对话框右侧边框类型中单击左键选择所要边框。

4. 在界面左侧点击【添加】/【垃圾桶】按钮可添加或删除照片，所加入照片的多少由所选边框的类型决定，还可以在“设置”选项里设定输出文件的大小。

5. 单击【确定】按钮，完成操作设置，效果如图 4-19 所示。

图 4-18 “多图边框”对话框

6. 最后，点击工具栏上的【另存】按钮，将最终加了边框的照片保存。

图 4-19 “多图边框”效果演示

“多图边框”功能可以将多张图片一起添加在一个边框中。通过多图边框的设计，图片是不是更具有艺术气息并且还十分有趣？

以上我们主要介绍了三种特色边框的使用方法，在今后使用过程中你可以慢慢体会它们更多的精彩之处，从而把照片修饰得更加炫目精美。

新版的《光影魔术手》还增加了“自定义扩边”功能，就是可以将画布在图像的四周进行扩边，扩边的尺寸、颜色或者底纹图案等都可以自行选择。下面我们就来试试这个“自定义扩边”是如何使用的。具体操作步骤如下：

1. 通过【打开】按钮打开一张照片。

2. 点击菜单栏中的【边框】|【自定义扩边】选项，弹出“自定义扩边”对话框。在对话框右侧可自定义边框宽度、颜色、阴影以及透明度，如图 4-20 所示。

3. 单击【确定】按钮，完成操作设置，效果如图 4-21 所示。

4. 最后，点击工具栏上的【另存】按钮，将加了边框的照片保存。

图 4-20 “自定义扩边”对话框

“自定义扩边”功能还可以更细致地设置图片上边、下边、左边、右边的扩边尺寸，读者可以自行试一试。总的来说，“自定义扩边”功能相对其他的边框效果较为简单，没有花哨的花边等各种效果，其简洁的感觉适用于板报等。

图 4-21 “自定义扩边”效果演示

《光影魔术手》在边框这方面有着简捷的手段和强大的功能。不需要更多的图像专业技术知识，就可以通过简单快捷的操作，轻松地完成各种常用的边框设置。这样可以使你的图片更具个性，在网络上分享时不至于轻易被人盗用。

给照片添加标签和水印

当今非常流行在照片上添加一个特色标签来彰显个性。许多用户在把自己喜欢的照片发布在网上时也常常在照片的某个部位打上一个水印，这样既可以保护作品的版权，又可以吸引别人的眼球。在添加边框的章节里我们已经介绍了一个文字标签的功能（通过【边框】|【轻松边框】命令完成）。新版的《光影魔术手》还提供了专业的文字标签和水印制作方法，你只需简单的几步操作就可以为自己心仪的照片添加精美的水印标签。

给照片加上文字标签的具体操作步骤如下：

1．打开一张照片，按照前节的步骤给图片加上一个边框。

2．选择菜单栏中的【文字】选项，弹出“文字”对话框，如图4-22所示。

图4-22　文字添加操作演示

3．在“文字”对话框右上角的文本框里给这张照片添加标签，即输入希望的文字。你会看到随着文字的输入图片上会出现文字框。用鼠标选择文字框，当鼠标变成十字时可以移动文字框，还可以旋转文字的角度。

4．接下来可以对文字的样式进行调整，包括字体、大小、颜色、对齐方式、排列方式等。

5．点击【高级设置】的下拉菜单后还可以添加文字的样式，可以增加阴影、描边等，能丰富文字的样式，使你的文字标签更富个性。

6．最后，点击【确定】按钮保存设置。

按此类方法你可以在图片上任意发挥设计出自己喜欢的标签信息。图 4-23 和图 4-24 所示是笔者对两张秋景照片所做的标签。

加上标签可以在一定程度上防止网络盗图。

图 4-23　文字添加效果演示一

勾选“背景”色，会使你的文字信息显示在底纹背景色中，同时你可以通过调节底纹透明度对所选底纹进行调节。

图 4-24　文字添加效果演示二

接下来我们一起给照片加上一个水印。具体操作步骤如下：

1．打开一张照片。

2．点击菜单栏中的【水印】选项，弹出“水印”设置对话框。

3．点击【添加水印】，选中以.png 为后缀的水印文件素材，所选水印将会出现在图片显示区中。

4．用鼠标在照片中选中水印框，当鼠标变成十字时可以移动水印的文字、旋转角度。

5．点击【融合模式】会出现下拉菜单，可以在此选择水印和照片的融合方式、调整比例轴来调节水印的大小，还可以通过调节【不透明度】来改变水印在照片中

的透明程度。

6．最后点击【确定】按钮，完成设置，最终效果如图 4-25 所示。

感兴趣的朋友不妨自己试一试给照片添加一个好玩的水印，给你拍摄的照片打上自己的印迹。

图 4-25 水印添加效果演示

提示 给照片添加水印，除了能够给你拍摄的照片打上自己的印迹，还能起到作品版权保护的作用。

自动处理照片

我们已经知道要处理好一张照片需要很多步骤，诸如要对它进行缩放、反转片、锐化、加文字标签、加水印等，这些操作比较繁琐。要处理类似的多张照片时，工作量是十分大的。《光影魔术手》提供了专门解决这类问题的捷径——自动处理照片功能，下面我们就来学习这个功能。

自动处理照片的操作步骤如下：

1．打开《光影魔术手》。

2．选择菜单栏中的【批处理】选项，弹出“批处理”对话框——第一步添加照片，如图 4-26 所示。

3．点击【添加】，导入一张需要自动处理的照片，然后点击【下一步】。

4．弹出“第二步：动作设置”对话框，如图 4-27 所示。

5．对话框里有两个选项“手动设置”和“套用模板”。“手动设置”是根据实际情况来自行添加动作，在对话框的右手边有“调整尺寸”“一键动作”“添加文字”“添加水印”“添加边框”“裁剪”和“插入模板”7个选项，基本上囊括了《光影魔术手》这套软件中所有的图片处理动作。选择一项动作设置以后，这个动作就会自动出现在左边的“动作列表”框中，“动作列表”框内的动作是按顺序排列的，动作顺序可以通过下方的“上移”和“下移”来调整。如图4-27所示右上方是添加“一键动作”的对话框，右边是动作列表，左边是已添加动作列表，可以通过“>”“<”来增加和删除动作。“套用模板”选项里有《光影魔术手》提供的模板，这些模板里已经有预设的动作。

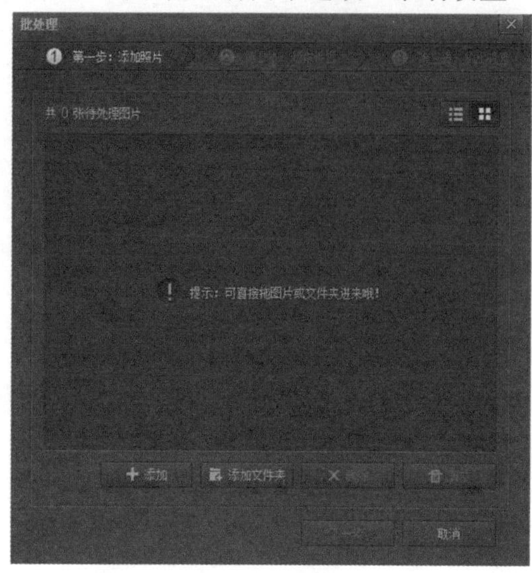

图 4-26　自动处理第一步

6．选择好动作以后，点击【下一步】输出设置，如图4-28所示。在“输出设置”对话框里首先要设置文件保存的路径，接着确定文件名字，然后是输出格式的确定和文件质量的确定。如果输出文件名已存在，可以选择是否覆盖等几种输出方式。

7．确定好上述设置以后，点击【开始批处理】，图片将自动按照所保存方案中的动作进行处理。

这样的功能可以节省使用者的时间，当需要处理修改动作都一样的图片时，就更加能够体现它的优点。但每张原始照片的颜色、曝光通常不相同，若使用自动处理，软件就会按照一个设定的模式来处理所有的照片，处理出来的效果不一定是最好的。自动处理虽然方便，但一般来说多用于调整照片的尺寸、相框、水印等相对固定的操作，而像调整曝光等其他操作，还是应该一张张仔细调整。

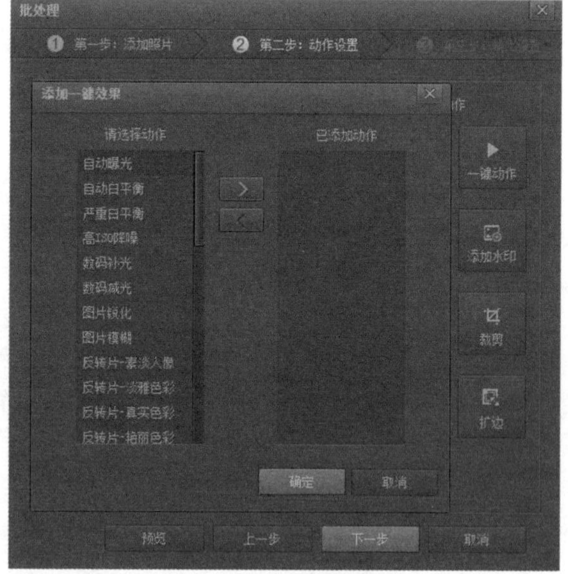

图 4-27　自动处理第二步

《光影魔术手》的自动处理功能是后面的批处理功能的基础，在使用上是相关联的。如果你有几十张甚至上百张照片需要进行同一规格的处理，一张一张处理会浪费掉很多时间去做重复性的操作。大家都知道批处理是将某一批文件按照同一规格进行处理，照片文件亦是如此。《光影魔术手》功能强大的批处理功能就在于此，利用很短的时间将一批照片处理成你想要的同一规格，操作起来也非常省事，从设置到处理只需要4个步骤而已。下一节我们就来学习如何使用《光影魔术手》的多图批量处理功能。

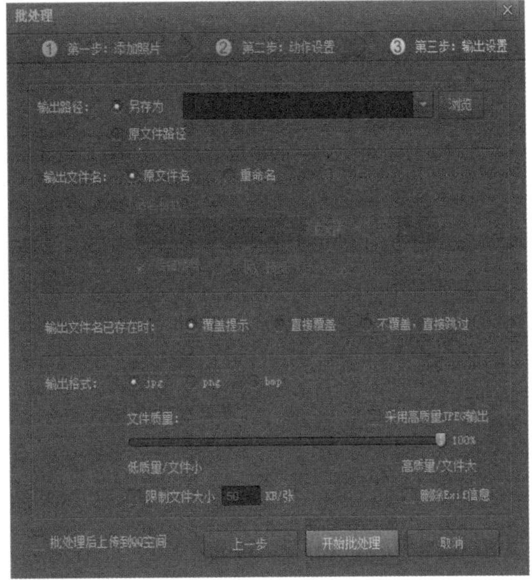

图4-28 自动处理第三步

多图批量处理

前面我们讲的自动处理是指一张照片要做好几次动作，为了简化操作才使用的功能。如果你拍摄的是一系列几十张照片，每一张照片都这样处理也是很麻烦的。《光影魔术手》这款软件中提供的批处理功能，就是来帮助你成批地处理好文件夹中的这些照片的。

多图批量处理的操作步骤如下：

1. 选择工具栏中的【批处理】选项，弹出“批量处理”窗口，如图4-29所示，与自动处理不一样的地方是：在这里可以添加多图——可以用【添加】按钮一张一张地添加，也可以点击【添加文件夹】一次性地选择整个文件夹的照片进行处理。

2. 点击【下一步】按钮。设置动作和上一节介绍的自动处理里面的一样，这里就不详细介绍了。

3. 选择好动作以后，点击【下一步】输出设置，在“输出设置”对话框里设置好文件保存的路径、文件名字和输出格式等。

4. 确定好上述设置以后，点击【开始批处理】，图片将自动按照所保存方案中的动作进行批处理。

在添加照片时，可以选择“添加文件夹”来添加整个文件夹里的照片，也可以在选择照片时，同时按住 Ctrl 键来添加多张照片。

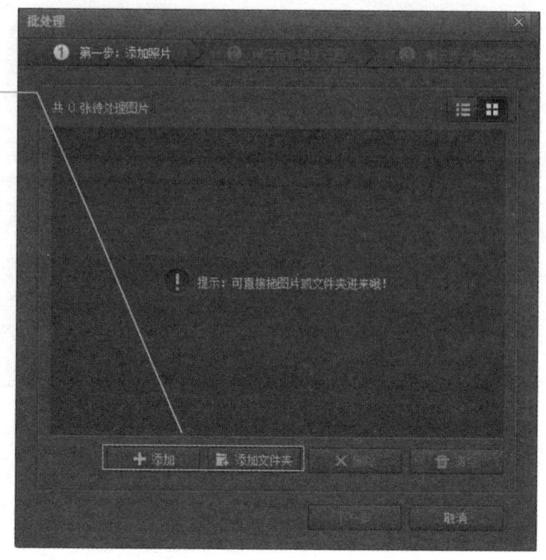

图 4-29　批处理多图选择

多图批量处理功能在处理批量照片时会很方便，就像上一节说的，多图批处理适合更改照片的尺寸、输出格式和大小等。如果同时批量处理了其他动作，最好在执行批处理以后再检查一下照片的其他设置，这样才能使每张处理过的照片的质量得到一定的保证。

制作多图组合照片

这一节要向大家介绍一个比较有意思的图片处理效果——制作多图组合的照片。它是将多张照片放在一起组合成一张照片，这与我们前面介绍的多图边框效果不太一样，它更偏重于照片的合成，突出某种主题含义。特别是你想在网络上发布某一天拍摄的成果，但图片太多而空间数量有限时，可以用《光影魔术手》的多图组合功能，拼成一张整图，让大家能够十分清楚地知道你一天的所见所拍，如图 4-30 所展现的就是动物园的一天。这个功能目前十分流行，当你觉得自己拍的每一张照片都好看的时候，也可以把这些照片都组合在一起，这样既节约了空间又能体现你拼图制作的水平。

是不是很有意思？下面我们就来一起动手组合这样的照片吧。

多图组合中所插入的每张照片没有特殊的要求，可以是不同尺寸，有不同效果。

图 4-30 拼图效果演示

制作拼图效果的具体操作步骤如下：

1．点击工具栏中的【拼图】选项，弹出下拉菜单，共有三个选项，分别是“自由拼图”“模板拼图”和“图片拼接”。“自由拼图”是在已有的背景上添加照片；“模板拼图”是利用软件已有的版式拼图；“图片拼接”是用户自己设计版式来拼接图片。接来下我们先介绍“自由拼图”。

2．选择了“自由拼图”以后，会弹出“自由拼图”对话框，如图 4-31 示。

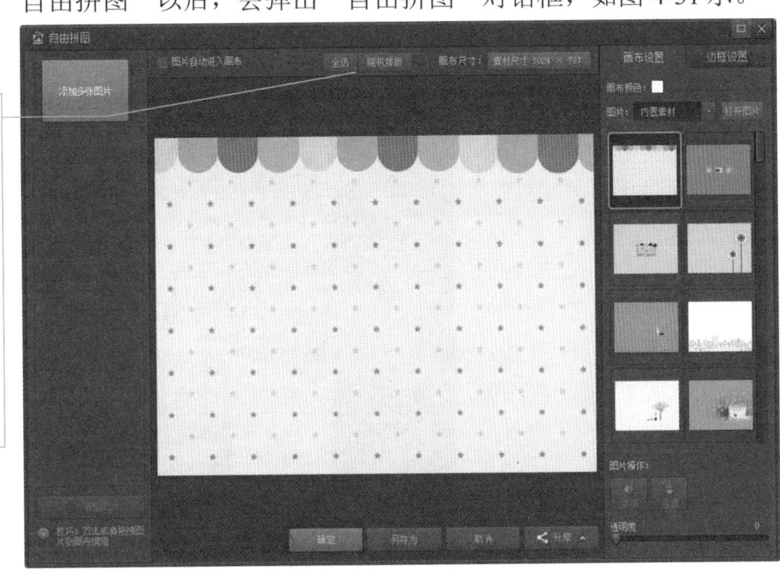

对话框上方有“随机排版”选项，可以让软件自动给你排版，说不定也有很好的效果哦！

图 4-31 “自由拼图”对话框

3. 对话框右侧有多重画布底板可供选择，也可以用自己的图片作为底板。点击【打开图片】按钮，可以选择本地的图片作为背景。

4. 选择好背景以后，在对话框的左边点击【添加多张图片】来加入你准备要拼图的图片，勾选“图片自动进入画布”功能，可以使选择的图片自动加入背景中，直到插入满足所选布局要求的照片数目为止，如图 4-32 示。

图 4-32 “自由拼图”对话框一

5. 添加完图片以后，点击画布中的图片，左上角会出现红色的“×”(见图 4-32 的底图)，单击即可将其删除。这里的删除只是把图片从画布中去掉，图片依然在左侧的图片列表中，还可以随时双击它调入画布。选中图片以后，右下角还会有旋转的符号，如将鼠标放在该符号上会出现一个小手，这时你可以摁住鼠标左键拖曳图片，来做改变位置、旋转和改变大小等操作。

6. 图片还能选择边框设置。在对话框右侧点击【边框设置】，会弹出 7 个选项，可以为画布里的图片设置简单的边框，使得画面更丰满、更好看，如图 4-33 所示。

图 4-33 “自由拼图”对话框二

7. 在对话框的右下角有关于图片的操作。选择一张画布里的图片，点击【水平】或者【垂直】可以改变图片的方向；下方的“透明度”数值，可以调节图片的透明度，以使图片更融入画布。

8. 我们将图片设置成最佳的可视效果后，点击【确定】回到图片显示区预览。

点击【另存】可保存拼接后的图片；或者在“自由拼图”对话框里直接点击【另存】来保存拼接以后的图片，效果如图 4-34 所示。

图 4-34　拼接好的图片

以上就是自由拼图的基本步骤。当然，我们还可以对制作好的图片做进一步的修整，比如：添加一个轻松边框、文字标签、水印等装饰。如果觉得这样的拼图方式你不喜欢，我们也可以用软件提供的模板来拼图。接下来我们介绍“模板拼图”，具体操作步骤如下：

1．点击工具栏中的【拼图】选项，弹出下拉菜单。点击【模板拼图】，弹出“模板拼图”对话框，如图 4-35 所示。

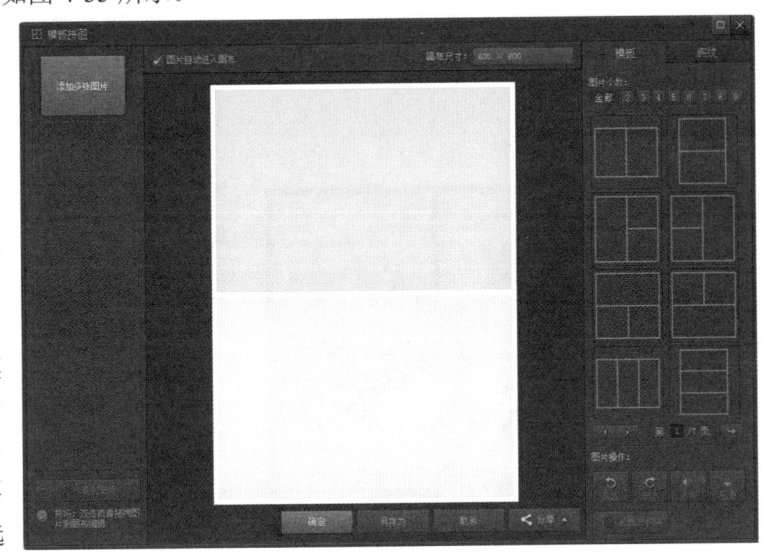

图 4-35　“模板拼图”对话框一

2．对话框右侧有多重画布底板供选择，主要看你实际需要用几张图片进行拼接，可根据图片的张数来选择喜欢的模板。

3．选择好模板后，在对话框的左边点击【添加多张图片】来加入要拼图的图片。勾选“图片自动进入画布”功能，可以使选择的图片自动加入背景中，直到插入满足所选布局要求的照片数目为止。

4．图片会自动进入模板。如果对排版不满意，可以点击所选图片并拖曳到你希望放到的方框里，变换图片在模板里的位置；对话框的右下方有“图片操作”栏，可以点击想调整的图片然后在此进行设置，或者点击【删除图片】来删除此图片。

5．拼接模板还能选择底纹设置。在对话框右侧点击【底纹】，会出现各种颜色和图案的底纹，选择一款漂亮的底纹会增加拼图的立体感，如图 4-36 所示。

图 4-36　“模板拼图”对话框二

6．我们将图片设置成最佳的可视效果后，点击【确定】回到图片显示区预览，点击【另存】保存拼接后的图片；或者在“模板拼图”对话框里直接点击【另存】来保存拼接以后的图片，效果如图 4-37 所示。

图 4-37　“模板拼图”效果演示

以上就是模板拼图的基本步骤。这样的模板拼图是不是很省力又很美观呢？如果你不喜欢这样的拼图模板，想自己随心所欲地拼图，那么我们接下来介绍的“图片拼接”功能，就能实现你的这一愿望。具体操作步骤如下：

1．与上述步骤相同，点击工具栏中的【拼图】选项，弹出下拉菜单，点击【图片拼接】，会弹出“图片拼接”对话框。

2．“图片拼接”的对话框和其他拼图对话框类似，在对话框的左边点击【添加多张图片】来选择图片，勾选“图片自动进入画布”功能，图片就会自动进入，如图4-38示。

“图片拼接”只有横排和竖排两种版式，不建议选择太多照片，否则会使得组合图过长。

图4-38 “图片拼接”对话框

3．对话框的右上方有两种选择方式，即“横排”和“竖排”模式可供选择。选择好一种排放模式，接着点击【边框颜色】旁边的颜色框选择颜色；调整内外框的高度和整体图片的圆角程度，还可在此规定图片拼接的尺寸。

4．对话框的右下方有“图片操作”栏，你可以随意调整图片方位；或者点击【删除图片】来删除此图片，然后再将其他图片添加进来。

5．我们对图片设置达到预想的效果以后，点击【确定】回到图片显示区预览，点击【另存】保存拼接后的图片；或者在“图片拼接”对话框里直接点击【另存】来保存拼接以后的图片，效果如图4-39所示。

图4-39 “图片拼接”效果演示

至此，我们已经向大家介绍完了《光影魔术手》的主要功能，限于篇幅，有些内容也只是点到为止，希望大家在实际运用过程中，灵活操作，不断摸索，让自己的照片能够更多地表现出艺术魅力和体现自我的个性。

很多数码摄影爱好者都有这样的烦恼：随着电脑硬盘里存放的数码照片日益增多，管理它们也越来越困难，为了找到某张照片，要花费不少的时间。如果你也遇到了这样的问题，我说，朋友，你该拥有一款照片管理软件了，那就是 Picasa，有了它，这些问题都可以轻松解决。

Picasa 是一款目前非常流行的照片管理软件，它提供了全新的图片组织和管理方法。本章将通过实际操作来引导你学习 Picasa 的使用方法，学会如何制作赏心悦目、查阅便捷的电子相册。如果你正想整理一下电脑中杂乱不堪的数码照片，那么就请跟我来吧。

第五章

照片管理软件——Picasa

本章学习目标

◇ Picasa 3 安装指南

介绍 Picasa 3 的基本情况和安装方法。

◇ Picasa 3 界面简介

初步了解 Picasa 3 的界面及菜单命令。

◇ 快速浏览数码照片

学习 Picasa 3 的幻灯片、过滤器等浏览功能。

◇ 创建即时相册

学习如何创建电子相册。

◇ 管理相册

学习如何在 Picasa 3 里管理电子相册。

◇ 快速查找指定照片

学习如何快速地查找指定照片：介绍搜索功能、添加快速标签功能。

◇ 快速导入照片

学习如何从外部快速导入照片。

Picasa 3 安装指南

在前面的四章里，我们已经充分地学习了如何处理数码照片。日积月累，你会发现数码照片越来越多，如何有效地管理它们成了亟需解决的问题。现在，有很多管理照片的软件，在这里我们向大家推荐的是 Picasa。它是一款相当方便、快捷的软件，最重要的是能够让你轻松上手，充分享受电脑管理数码照片的便捷。怎么样，是不是已经迫不及待地想使用这款软件了？那么我们现在就赶快开始吧。

Picasa 是 Google 公司推出的免费多功能网络相册管理软件。Picasa 原为独立收费的图像管理、处理软件，其界面美观华丽，功能实用丰富。后来被 Google 收购并改为免费软件，成为了 Google 的一部分。它最突出的优点是搜索硬盘中图片的速度很快，当你输入一个字后，准备输入第二个字时，它已经即时显示搜索出的图片了。

不管你的照片有多少，空间有多大，几秒内 Picasa 就可以查找到所需要的图片。每次打开 Picasa 时，它都会自动查找所有图片（甚至是那些你已经遗忘的图片），并将它们按日期顺序放在可见的相册中，同时以易于识别的名称命名文件夹。你可以通过拖放操作来排列相册，还可以添加标签来创建新组。Picasa 能保证你的图片从始至终都井井有条。

Picasa 还可以通过简单的单次点击式修正来进行高级修改，让你只需动动指尖即可获得震撼效果。而且，Picasa 还能让你迅速实现图片共享——可以通过电子邮件发送图片、在家打印图片、制作礼品 CD。

本节介绍的是最新版 Picasa 3.9（有时简称 Picasa）的安装与使用。在安装 Picasa 3.9 前，要先了解安装和运行该软件对系统有什么要求，以便我们及时调整自己的计算机硬件和系统，充分发挥 Picasa 强大的相册管理功能。

一、下载 Picasa 的安装程序

自然，在安装 Picasa 前，先要从网站上下载该软件。在确保将你的计算机连接到互联网上后，我们开始如下操作：

1. 在 IE 浏览器的地址框内键入下载地址：http://baoku.360.cn/soft/show/appid/54/

2. 按回车键，弹出如图 5-1 所示的界面。单击【安全下载】，弹出“新建下载任务”对话框。

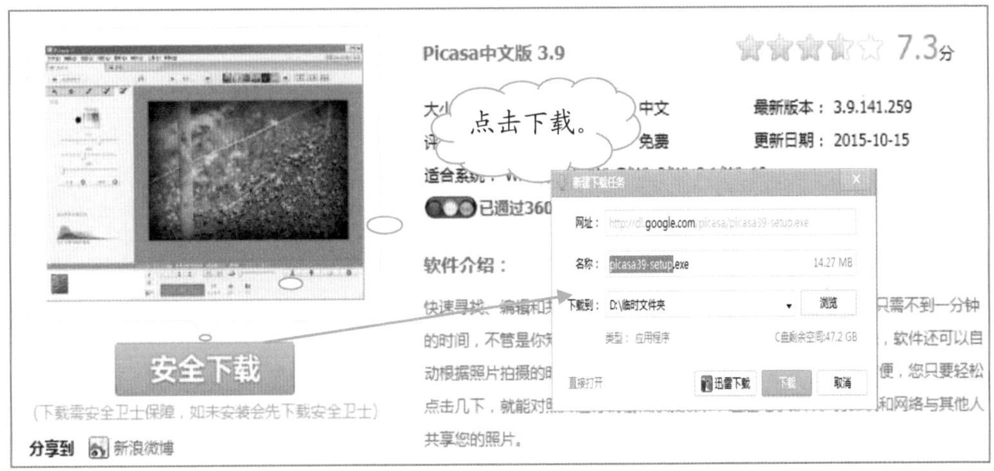

图 5-1　下载Picasa软件

3．单击【浏览】按钮，为下载的软件指定存放位置，这里选择的是“D:\临时文件夹”。

4．点击【下载】按钮将开始下载文件。略等片刻，软件即下载到指定的文件夹中，如图 5-2 所示。

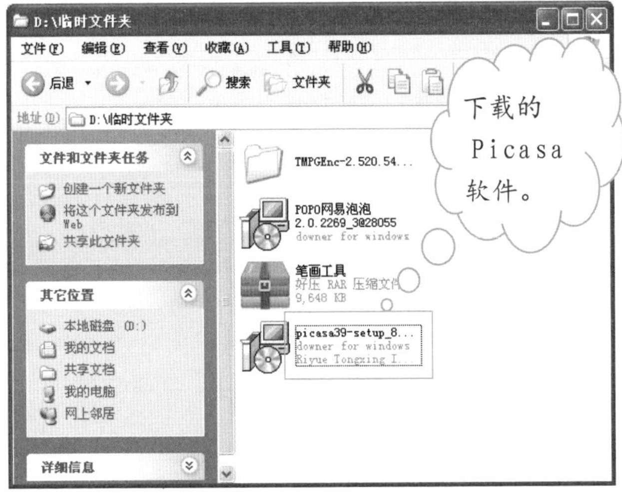

图 5-2　下载的软件

二、运行环境

在进行安装前，我们最好看一下 Picasa 对电脑基本的要求。以下信息表示安装和运行 Picasa 所需的系统要求：

1. 具有至少 300 MHz Pentium® 处理器和 MMX™ 技术的个人计算机。

2. 64 MB RAM（对于全屏图片视图，推荐使用 128 MB）。

3. 800×600 像素，16 位彩色显示器。

4. 操作系统为 Windows XP/Vista/7。

5. IE 浏览器为 Internet Explorer 6.0 或更高版本。

如果计算机不符合系统要求，则 Picasa 不会安装或运行。目前，绝大多数家庭计算机都能满足上述要求。

三、安装步骤

如果你的计算机满足 Picasa 的安装要求，就可按如下操作步骤进行安装：

1. 进入存放 Picasa 软件的文件夹。

2. 双击安装程序，出现“Picasa 3 安装许可证协议”对话框，如图 5-3 所示。

3. 单击【我同意】按钮，弹出“选择安装位置”对话框，如图 5-4 所示。“目标文件夹”是软件将要安装的位置，可以根据用户自己的习惯选择。

4. 点击【安装（I）】按钮，弹出“安装进度”对话框。

5. 勾选图中的对话框，最后单击【完成】按钮，安装完成。现在已经成功地安装上了 Picasa，接下来就可以运行它了。

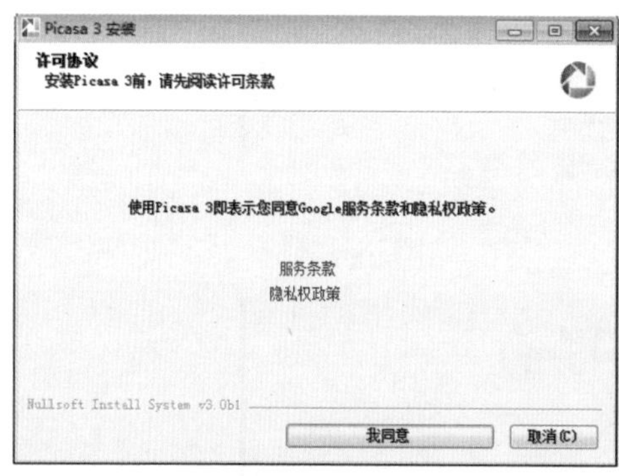

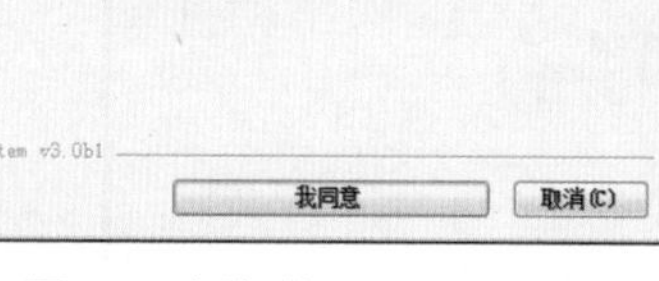

图 5-3　授权协议

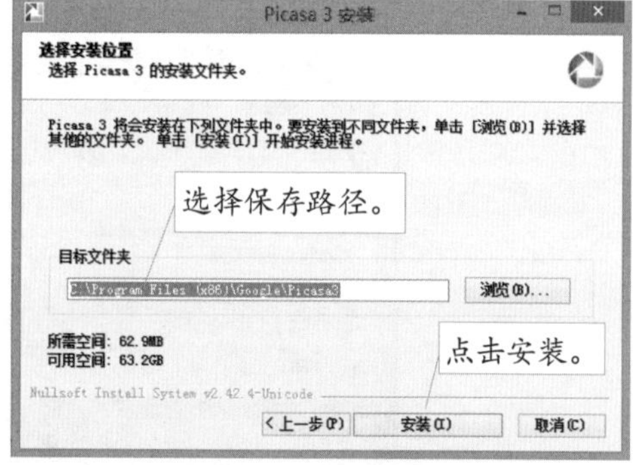

图 5-4　选择安装位置

如果你是初次使用 Picasa，一时不知如何上手，或者你想了解更多的 Picasa 使用知识，可以到网上进行相关搜索。Picasa 是一款较为受欢迎的照片管理软件，网上关于其使用的介绍和心得很多。这里，我们在百度搜索栏中输入“Picasa 使用简介”，回车后搜索页面就会出现介绍这方面知识的链接。单击你感兴趣的链接（如：picasa怎么用_百度经验），就会载入相关的文章，如图 5-5 所示。

在这个关于 Picasa 使用经验页面的下方“相关经验”栏中，还包括了更多的关于 Picasa 的知识和使用经验，可根据自己的兴趣单击相关的链接。

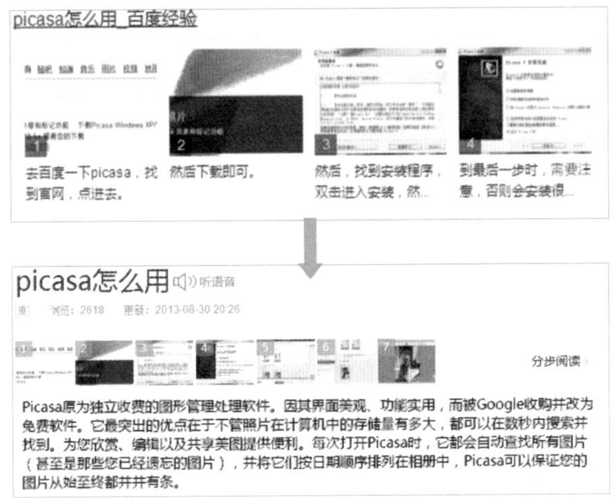

图 5-5　从网络上获取知识

Picasa 3 界面简介

在使用 Picasa 之前，先熟悉一下它的界面，了解其大概功能，这样操作起来就会得心应手。Picasa 清新简约的界面一定会吸引你的眼球，它将常用工具栏、任务栏、图片显示框和图片文件夹都集合到一个主界面上。你可以快捷地使用其丰富的图片管理及处理功能。相信你一定会对它一见倾心。

Picasa 软件提供了一种简单的方法来查看、修改和整理你计算机上的照片。在开始操作时，应该始终记住以下两个事项：

- Picasa 不会将照片存储在你的计算机上

在打开 Picasa 时，它只查看计算机上的文件夹，并显示所找到的照片。Picasa 会在指定其搜索的目标文件夹中显示要求查找的文件类型。

- 你的原始照片会始终保留

在 Picasa 中使用修改工具时，一定不会修改原始文件。在决定保存更改之前，对照片所做的修改只能在 Picasa 中查看。尽管这样，Picasa 还是会创建修改后的新版照片，而完全保留原始文件。

安装完 Picasa 后，点击其桌面图标快捷启动键，弹出“初始图片扫描”对话框，如图 5-6 所示。

点击【继续】按钮，会弹出“照片查看器配置”界面，如图 5-7 所示。这个配

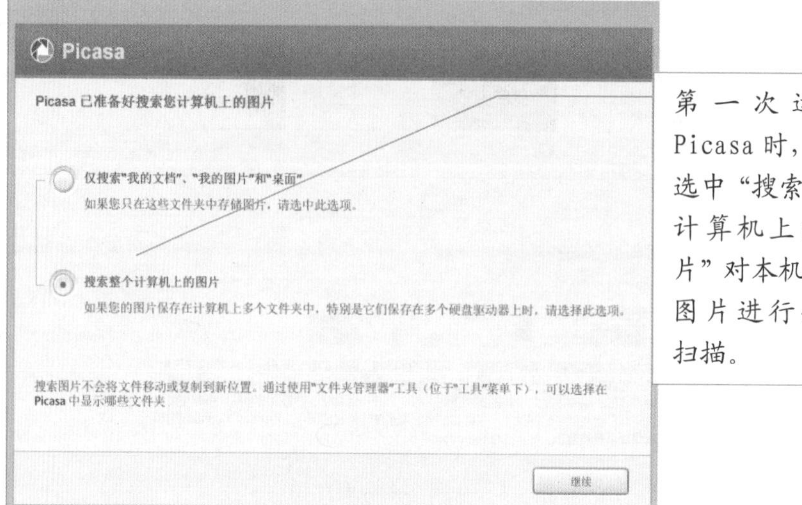

图 5-6　初始图片扫描

置是为了方便你查看、浏览自己计算机上的照片，你可以选择用 Picasa 作为默认查看软件，勾选查看图片的格式。设置完成以后，点击【完成】，Picasa 将扫描计算机上的所有图片并将其显示在画面框中，如图 5-7 所示。

图 5-7　照片查看器配置

“初始图片扫描”这个功能会自动搜索本机上的所有图片，可能需要一些时间。

Picasa 十分神奇地能够搜索出一些你自己都找不到的图片，并且按时间顺序以文件夹的形式来显示，还有什么比这个软件能更好地管理你的图片呢？

Picasa 将图片集以文件夹形式显示在图片库中并按日期进行排序，左侧是图片按时间顺序排列的图片文件夹，右侧是图片的缩略图显示，如图 5-8 所示。

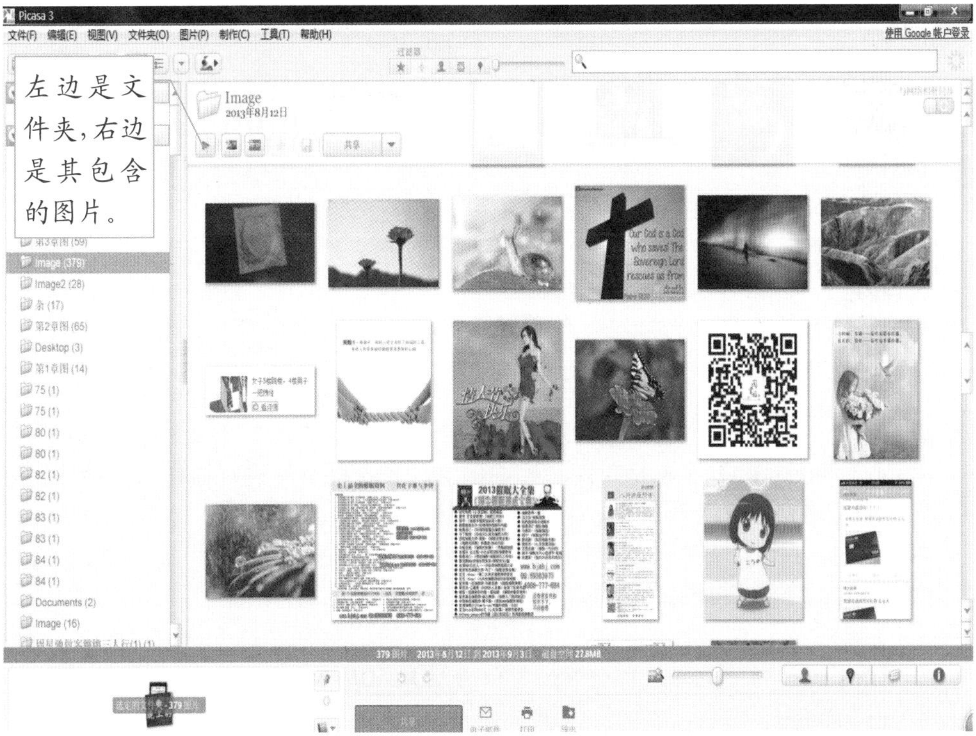

左边是文件夹，右边是其包含的图片。

图 5-8　文件夹与其包含的图片

Picasa 的工具栏中包括：【文件】【编辑】【视图】【文件夹】【图片】【制作】【工具】【帮助】8 个菜单。其中：

1.【文件（F）】菜单是对文档文件进行操作的地方。它具有【新建相册（N）】【保存（S）】【从磁盘删除（D）】【打印（P）】等命令选项，如图 5-9 所示。通过此菜单还可以从数码相机导入照片。除此之外，它还可以通过电子邮件的方式将照片发送给亲人和朋友与他们分享。

2.【编辑（E）】菜单可以对相册中的图片进行【剪切（T）】【复制（C）】【粘贴（P）】【全选（A）】等操作，如图 5-10 所示。

3.【视图（V）】菜单是对图片显示进行操作的，如：【图片库视图（L）】【修改视图（E）】【标签（T）】【幻灯片演示（S）】【时间线（M）】【显示小图片（P）】等选项，如图 5-11 所示。

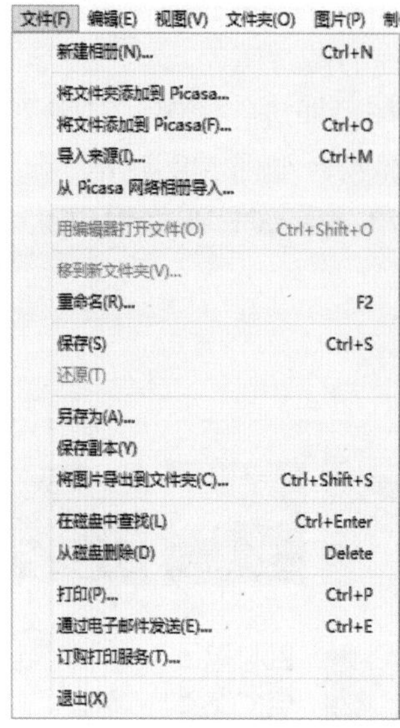

图 5-9 【文件】菜单

图 5-10 【编辑】菜单

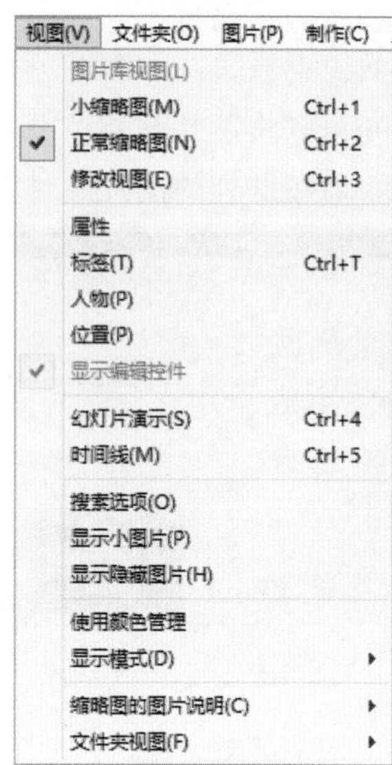

图 5-11 【视图】菜单

4.【文件夹（P)】菜单是对图片库中的文件夹及图片集进行操作。包括【排序方式（S)】【隐藏（H)】【移动（M)】和【删除（D)】等，如图 5-12 所示。

5.【图片（P)】菜单主要是针对照片进行操作，包括【查看并修改（V)】【批量修改（B)】【隐藏（H)】等，如图 5-13 所示。

6.【制作（C)】菜单是对照片进行制作的工具，包括【设为桌面（D)】【制作海报（P)】【添加到屏幕保护程序（S)】以及独具创意的【视频（M)】等操作命令，如图 5-14 所示。

图 5-12 【文件夹】菜单

图 5-13 【图片】菜单

图 5-14 【制作】菜单

7.【工具（T）】菜单可以对图片集共享管理进行一定的设置，如图 5-15 所示。

8.【帮助（H）】菜单是为用户解决问题的工具。有什么不明白的地方可以在此查找，并且还提供在网上下载及时更新的版本。

除了菜单项之外，Picasa 主界面还显示图片文档列表框、图片预览窗口和任务栏等，分别对应于图 5-16 的 1～3 分区。

其中图片库列表框列出了在你电脑上的所有图片的文档和相册，查找和管理照片非常方便。图片预览窗口可以通过缩略图的形式浏览文件夹里的图片。任务栏则主要提供图片共享功能的便捷方式，只要点击【共享】或【电子邮件】就可将选中的图片集或照片上传到互联网或邮箱与他人分享。

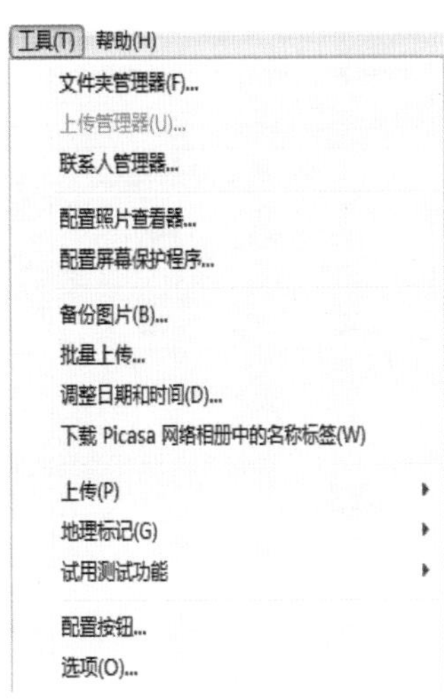

图 5-15 【工具】菜单

图 5-16 Picasa 界面分布

图片显示窗口是 Picasa 的主要操作界面，能迅速将图片显示于该窗口供用户浏览。只要双击选中的图片，就会出现如图 5-17 所示的图片编辑界面。

Picasa 把最常用的图像功能都集成到了一个界面中，用户只需通过一些简单的按钮操作就能轻松快捷地完成最常见的照片编辑工作。

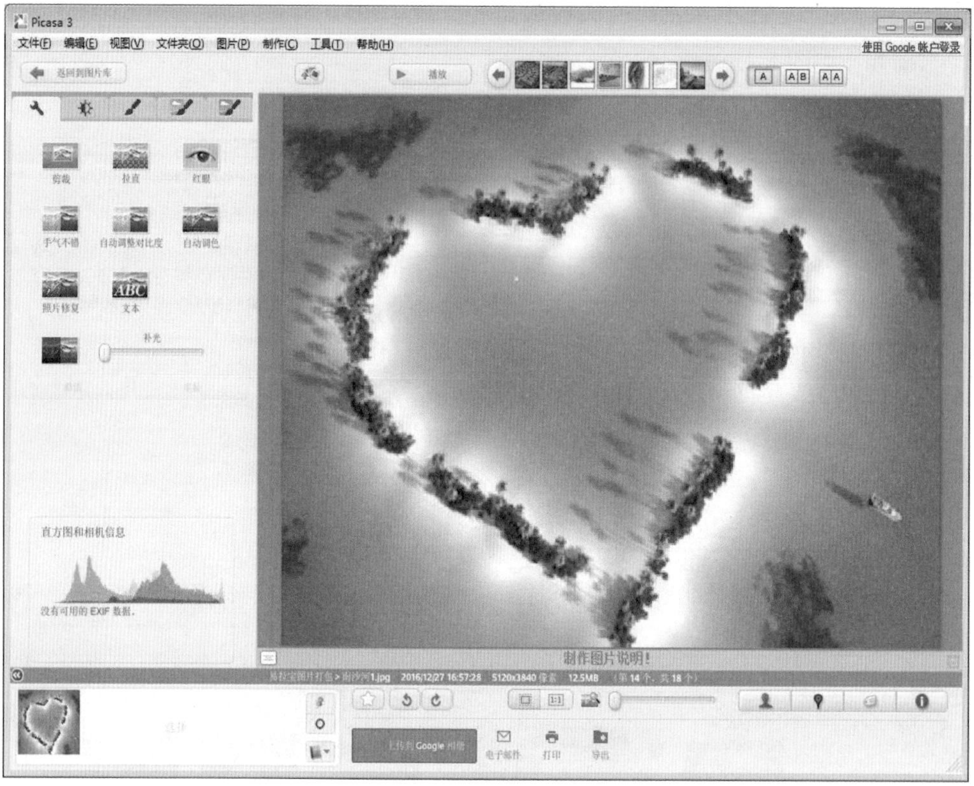

图 5-17　图片编辑界面

提示　Picasa 也具备一些简单的图片修改功能。如果对图片做简单的修改可以直接在 Picasa 里操作，而不一定需要通过《光影魔术手》这样的软件来完成。

快速浏览数码照片

不少电脑用户把图片分散在不同的逻辑磁盘上，别说整理了，就是想要浏览所有的照片都是极其费劲的。Picasa 的快速图片浏览功能能够轻而易举地帮你解决这个烦恼，同时它还支持浏览所有的图片格式，这是区别于其他图像管理软件的最大特点。下面我们就来领略一下这一精彩之处。

一启动 Picasa，它就会执行初始图片扫描，并自动建立图片数据库。当扫描完成后，可以看到 Picasa 浏览界面。这样，往往可以发现一些你早已遗忘的数码照片。

“时间线+幻灯片”是 Picasa 特有的图片浏览功能。你可以以图片文件集的方式尽情地欣赏照片，其效果如图 5-18 所示。

图 5-18　时间线浏览图片

提示　选择“按照日期顺序”并将图片按文件夹分类，每个文件夹的第一幅照片都以背景图片显示于预览框中。

执行“时间线+幻灯片”浏览功能的具体操作步骤如下：

1. 选择要浏览的相册。
2. 执行工具栏上的【视图（V）】|【时间线（M）】命令，如图 5-19 所示。
3. 弹出“幻灯片演示”浏览模式，如图 5-18 所示，可在此浏览照片集。点击屏幕下方的左右键，可以向前、向后按时间顺序浏览各图片文件夹。

双击要浏览的图片集，就可进入该相册的幻灯片浏览模式，以幻灯片形式浏览其中的每张照片了，如图 5-20 所示。幻灯片浏览界面下方有操作键，可以旋转图片角度、指定显示比例、设置幻灯片放映时间长短等。

图 5-19　时间线操作演示

图 5-20　幻灯片浏览模式

Picasa 的“时间线+幻灯片”浏览功能，是以时间线作为中轴，你无需返回主界面便可在不同图片集的幻灯演示中穿梭跳跃。利用这个功能，笔者曾不止一次地流连于这些年所到之地——重温宛如梦境一般的江南乌镇，陶醉于人间仙境般的九寨沟，瞻仰神秘宏伟的四姑娘山。在欣赏这些照片的同时，笔者不用跳出时间线与幻灯片的全屏界面，更不必担心如何寻找到下一个时间段的文件夹，便可以将自己彻底置身于美好的回忆之中。相信你一定会对这个新颖的浏览模式一见钟情。

Picasa 还提供了图片“过滤器”功能（位于主界面中间的正上方）。过滤器是 Picasa 提供的一个便捷搜索图片的功能，包含“仅显示加星标的照片”“仅显示有人物头像的照片”“仅显示视频”和“仅显示具有地理标记的照片”4 项功能，如图 5-21 和图 5-22 所示，它们能够快速地对计算机里的照片进行分类显示，相当方便。

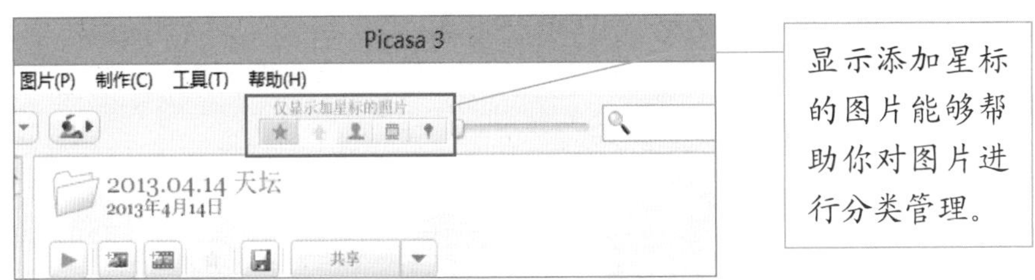

图 5-21 仅显示加星标的照片

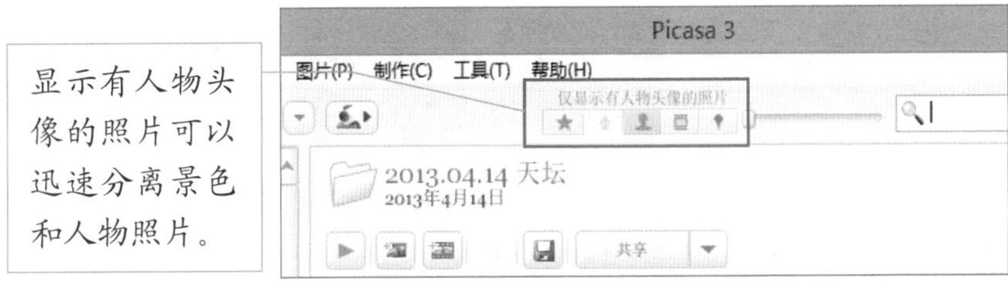

图 5-22 仅显示有人物头像的照片

下面我们来介绍“仅显示加星标的照片”功能，具体操作步骤如下：

1. 为满意的照片添加星标。要显示加星标照片的第一步就是要给照片加上星标，即把你认为满意的照片加上星标。浏览图片时点击【添星标】键，图片就成功地添加了星标，在已加星标照片的缩略图上会看到一个星标，如图 5-23 所示。

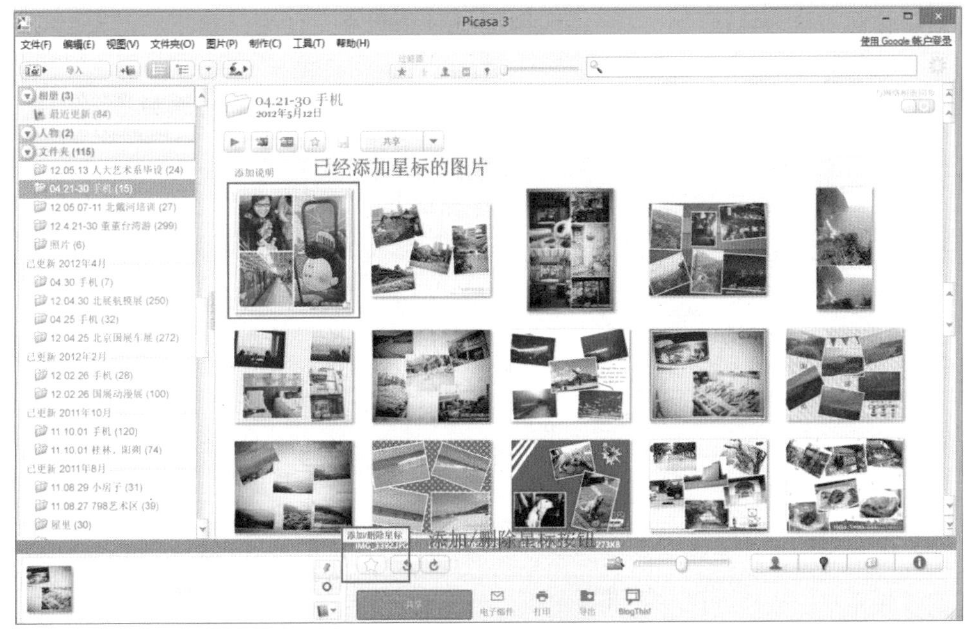

图 5-23 添星标演示

2．选择【过滤器】|【仅显示加星标的照片】，将立刻在图片浏览区显示你曾经添加过星标的照片，弹出“搜索结果”浏览框，如图 5-24 所示。

当你需要浏览计算机里的其他照片时，点击【返回并查看全部照片】功能键，就可以回到原来的浏览方式。

图 5-24　仅显示星标照片模式

当照片越来越多的时候，要找一张照片还真不是一件容易的事。“过滤器”能很好地帮你解决这个问题。

提示　添加星标时一定要先单击照片选中它，成功添加星标的照片会在照片右下角有星星的标志。

创建即时相册

在扫描完所有照片后，面对芜杂的照片你是不是想将其重新组合，变成你一眼就能认出的相册？这些都可以通过 Picasa 轻松搞定。相册是 Picasa 里重要的一项管理功能，用户可以按照自己的爱好简单高效地组合图片文件来创建电子相册。下面我们就来完整细致地制作一个电子相册，把我们所有的照片归类。

其制作步骤如下：

1. 执行【文件（F）】|【新建相册（N）】，则弹出“相册属性”对话框，如图5-25所示。

2. 在“名称”一栏中给新建相册起个名字——“风景”。

3. 在“日期”栏中输入创建相册的时间。在默认状态下，显示当前的日期。

4. 在下面的“拍摄地点”一栏，你可以记录“风景”相册里面照片的来源地。

5. “说明”栏中可根据用户的要求键入照片的详细信息，如照片中人物姓名、拍摄者及当时天气等。

6. 最后单击【确定】按钮，则在左边相册文件夹下就会出现名为“风景”的新相册文件夹。

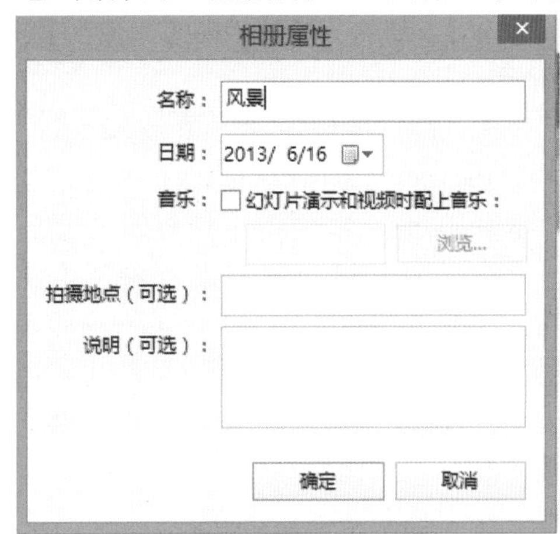

图 5-25　创建新相册

相册框架制作好之后，就可以往里面插入照片了。其步骤非常简单，如下所示：

1. 选择要加入“风景”相册中的照片。Picasa提供了直观的照片选取方式，你直接可以在显示栏中挑选所要的照片。若要一次选中多张照片，按下Ctrl键后用鼠标左键点击要选的照片，此时在任务栏中会以缩略图的形式显示出所选的照片，如图5-26所示。

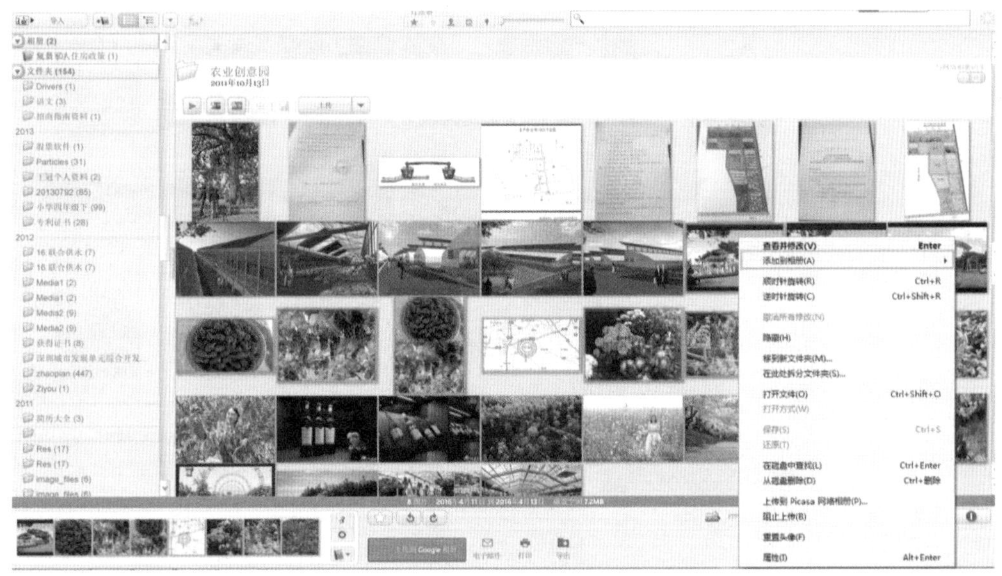

图 5-26　选定要添加的照片

2．被选中的照片框显示成蓝色，此时点击鼠标右键，选择【添加到相册（A）】|【风景】；或选中任务栏中【添加到】图标下拉菜单中的“风景”相册，如图 5-27 所示。

3．你可以将同一张照片放入多个相册中，Picasa 为你标记的每张照片都创建了“例图”而不需要占用计算机的空间。

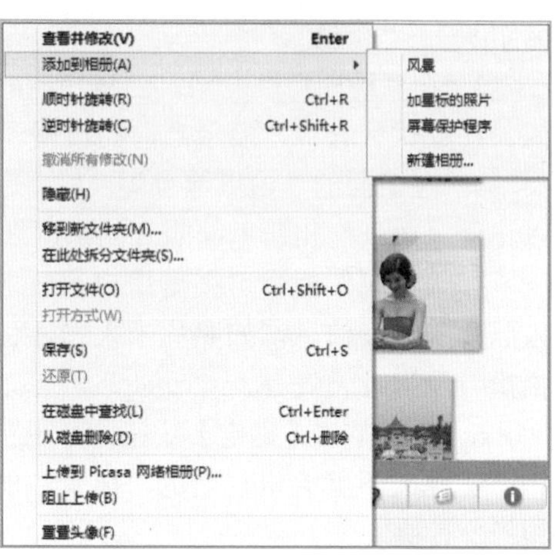

图 5-27　将照片添加到相册

OK，到现在为止我们已经基本建立好一个电子相册了。在 Picasa 里有很多方法来创建自己的电子相册。我们也可以通过其他地方的快捷键来快速新建电子相册。比如说，浏览文件夹里的照片，选定一张中意的照片，点击界面下方的“将选定项添加到指定相册”会弹出一组选项，其中就有“新建相册”命令，如图 5-28 所示，在这里你也可以新建电子相册。在界面上方也有创建相册的快捷键，我们同样可以在这里创建自己的电子相册。

图 5-28　创建相册的快捷方式

提示　可以在选定照片后，直接点击右键来新建一个相册。

管理相册

在一个相册创建完成后，免不了要清理那些杂乱的文件夹并在不同的磁盘空间上移动照片，有时还要给整个照片集或某张照片改名字。当然，对比较满意的作品，你或许会想为它们做上特别的标记，使其从众多照片中突显出来一眼就能找到，而对那些没兴趣的照片集则想让它们离开你的视线。那好，就让 Picasa 来轻松管理好你美妙瞬间的回忆吧。

要想在相册间移动、复制照片，可按如下步骤操作：

1. 选择要移动到另一相册中的照片。
2. 执行【编辑（E）】|【剪切（T）】命令，如图 5-29 所示。
3. 选择该照片要贴入的目标相册。
4. 执行【编辑（E）】|【粘贴（P）】命令，如图 5-30 所示，即可以将缩略图从剪贴板插入所选相册中。

编辑(E)　视图(V)　文件夹(O)　图片(P)
剪切(T)　Ctrl+X
复制(C)　Ctrl+C
粘贴(P)　Ctrl+V
复制所有效果(O)
粘贴所有效果(F)
复制文本
粘贴文本
全选(A)　Ctrl+A
选择加星标的图片(S)
反选(I)　Ctrl+I
清除所选内容(L)　Ctrl+D

图 5-29　剪切照片

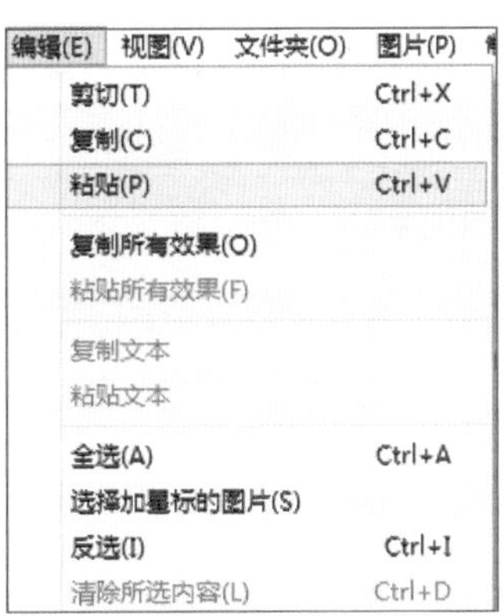

图 5-30　粘贴照片

提示　Picasa 将所剪切掉的照片放在系统本身的临时剪贴板上。粘贴时会自动从剪贴板上复制到目标位置。

当然，最简单的方法只需选中要移动的照片，按住鼠标左键不放，将缩略图从一个相册拖放到另一个相册即可，如图 5-31 所示，效果和前述的一样。

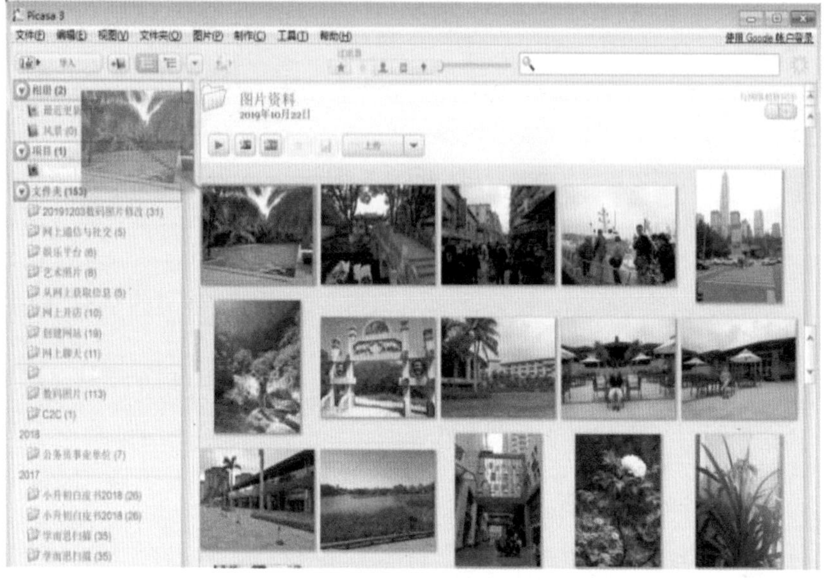

图 5-31　拖曳照片至目标相册

另外，Picasa 一个比较明显的优点就是可以在多个相册中保留同一张照片却不占用多余的磁盘空间，如将照片复制到“风景”相册中，可按如下步骤操作：

1．首先选择要复制的照片。

2．单击【编辑（E）】|【复制（C）】选项，将该照片复制到剪贴板上。

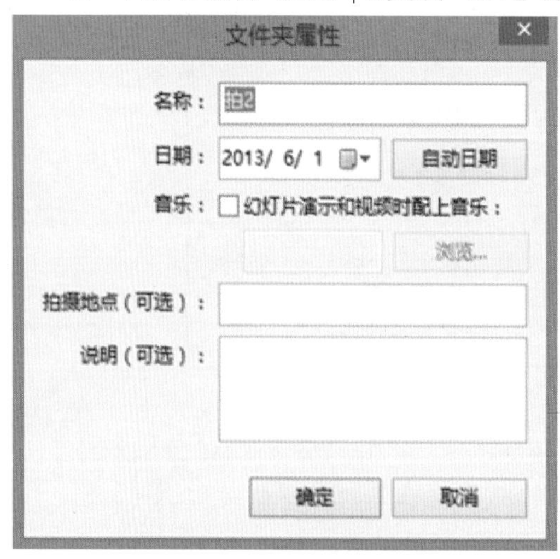

图 5-32　更改文件夹属性

3．选中“风景”相册，执行【编辑（E）】|【粘贴（P）】命令。这样就将复制的照片插入到“风景”相册中了。

我们有时会对照片文件夹进行修改，比如更改照片集名称、拍摄时间等，以便反映更多的信息，有助于自己管理所有照片。

1．选择工具栏上的【文件夹（F）】|【编辑说明（E）】选项。

2．弹出“文件夹属性”对话框，如图 5-32 所示，我们可以在这里修改名称、日期、拍摄地点、具体说明等，还可以为照片加上音乐效果。也可以通过

双击左边“图片库”中要修改的文件夹，打开相同的对话框，效果和前面一样。

3. 单击【确定】按钮，这个文件夹就会自动更新相关的信息。

Picasa 管理相册文件夹的功能，十分方便，你可以不用在自己的计算机里来回找散乱的照片，来回复制、剪切照片，我们只需要在一个统一的界面里管理自己的照片。

我们从数码相机中导入的照片一般会以相机自配的标准名称命名，如652567801a.jpg，这样的名字反映的信息太少，而且复杂的数字使我们根本无法记忆，非常不利于查找和管理照片。要想修改某些照片的名称和属性，可以按如下步骤进行：

1. 选中要修改的照片。

2. 执行【图片（P）】|【批量修改（B）】|【重命名】命令，弹出图 5-33 所示“重命名文件”对话框。

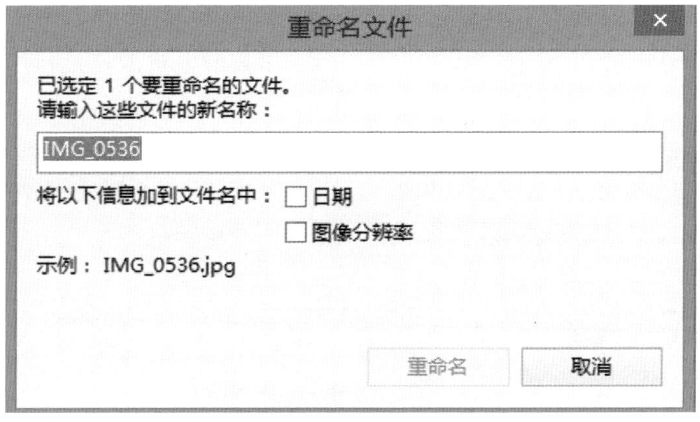

图 5-33 “重命名文件”对话框

3. 在“重命名”对话框中键入你给照片起的新名称，例如“舞台背景”。

4. 单击【重命名】按钮，照片就会以新更改的名称显示出来。

Picasa 还可以将“日期”和“图像分辨率”自动添加到文件名中，可以让你节省很多力气管理照片，也可以使得你的照片更好管理。

在我们日常管理相册时，调整将显示哪些照片和文件夹是非常必要的。因为，这样会提高用户对数码照片的管理效率。要改变 Picasa 扫描的位置可按如下步骤操作：

1. 选择工具栏中的【工具（T）】|【文件夹管理器（F）】命令，弹出的对话框如图 5-34 所示。

2. 在其中设置 Picasa 将扫描的目标磁盘的照片集。假如本机中的所有照片都放在 D 盘，这时我们选择只扫描 D 盘的照片，则其余磁盘中的照片就不会显示出来。

提示 在 Picasa 中更改文件夹名称，将会更改硬盘上实际文件夹名称。用户可以根据系统提示信息更改照片名称、时间及分辨率。

图 5-34　文件夹管理器

Picasa 能对文件夹和相册进行排序，还可以对其中的照片进行排序。

要更改文件夹和相册的顺序，点击【视图（V）】|【文件夹视图（F）】，如图 5-35 所示，就可以随意选择你想要的排列顺序，如“按创建日期排序”“按最近更改日期排序”“按大小排序”“按名称排序”以及“反向排序”。如图 5-36 所示是按相册的创建日期来排序；图 5-37 则是按相册的更改日期来排序。

图 5-35　【文件夹视图】命令

图 5-36　按创建日期排序

图 5-37　按更改日期排序

快速查找指定照片

平常我们要在相册中找到想要的照片，首先要回忆那张照片放在了哪个相册中，要是一时想不起来，那找起来可就相当麻烦了。Picasa 提供了形式多样的文件查找方式，可以轻松找到我们需要的图片。

当然，事先要知道这张照片的名称或其关键字也是必要的条件，这些步骤在前一节所述的给照片重命名中已经讲到了。

例如，我们要找一张名为“西单”的照片，就可以按下列步骤执行：

1．执行工具菜单栏中的【视图（V）】|【搜索选项（O）】命令，如图 5-38 所示。

2．主界面转到搜索窗口，光标自动转移在右侧的搜索栏内，在搜索栏中键入“西单”后，搜索界面会自动弹出名字里含有“西单”的文件夹，如图 5-39 所示，显示出一共有 5 个相册名字里含有“西单”，共 121 张图片。

其实，我们也可以在搜索栏中直接输入照片名称，效果和上述是一样的。Picasa 能搜索图片文件的 EXIF/相机数据、关键字、标签以及属性和标题。例如，在文件夹属性中，将“拍摄地”定义为“北京”，则只要在搜索栏中输入“北京”就能查到该文件夹中的照片了。

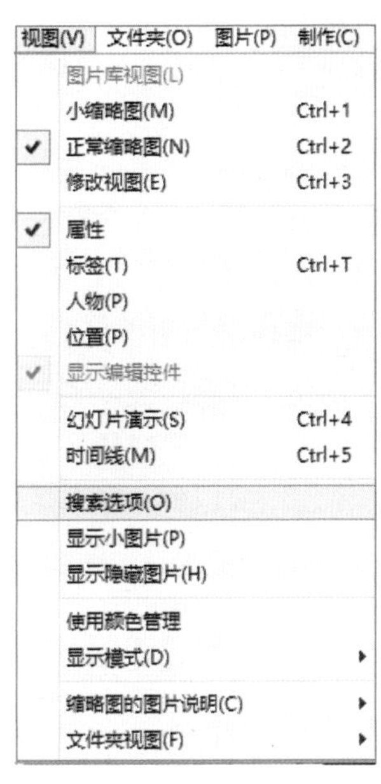

图 5-38 搜索选项

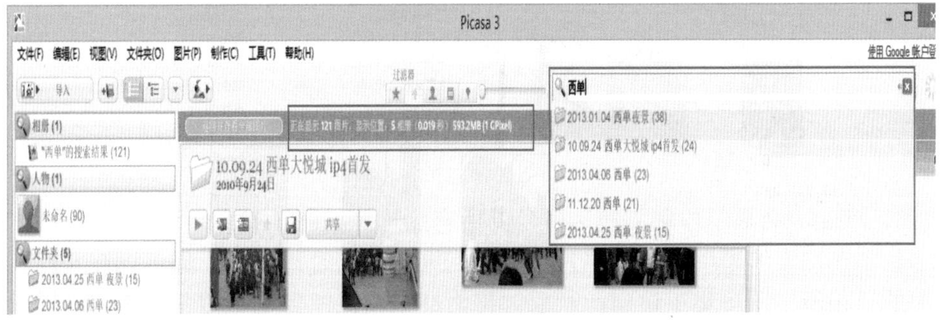

图 5-39 搜索结果演示

Pisaca 强大的标记功能和搜索功能是使人对它爱不释手的原因之一。

如果你要查找图片在硬盘上的位置，右键单击图片并选择“在磁盘中查找”，如图 5-40 所示。这样会打开 Windows 资源管理器并显示文件所在的位置。

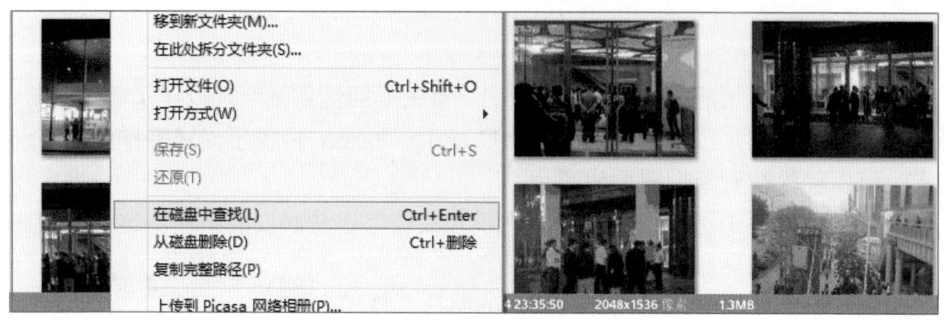

图 5-40 在磁盘中查找图片

Picasa 还提供了一些有意思的搜索功能，如搜索含有特定颜色的照片的试验性功能，可以帮你搜索含有选定颜色的照片，具体操作步骤如下：

1．点击【工具（T）】|【试用测试功能】|【搜索】，如图 5-41 所示。

2．选择要搜索的颜色，如红色、绿色。

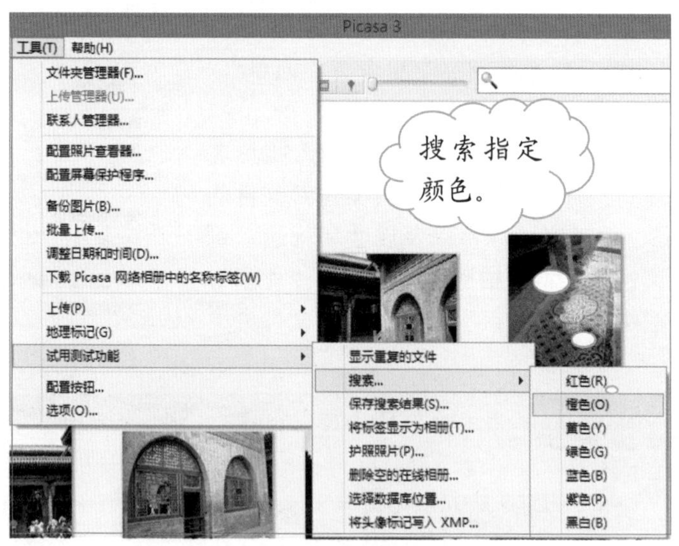

图 5-41 通过颜色查找照片

3．Picasa 会显示检测到所选颜色的所有照片，如图 5-42 所示。

包含在搜索结果中的所有照片会分组到同一个临时相册中，你可以在文件夹列表中的“相册”图片集下访问此相册。搜索结果会保留到重置搜索为止。可以通过点击图片库顶部的绿色栏中的【返回并查看全部图片】按钮重置搜索。

图 5-42 按颜色搜索照片的结果

如果我们养成给照片添加标签的习惯，也可以快速地查找到想要的照片。

添加标签要做好统筹，并且要养成习惯，注意平时积累。通过标签搜索到的照片的多少，是和平时标记了多少照片息息相关的。没有做过标签标记的照片，是不能通过搜索标签查找到的。

下面我们就来介绍如何给照片标记标签、如何搜索标签。

1．点击程序右下角的【显示/隐藏标签面板】，如图 5-43 所示。

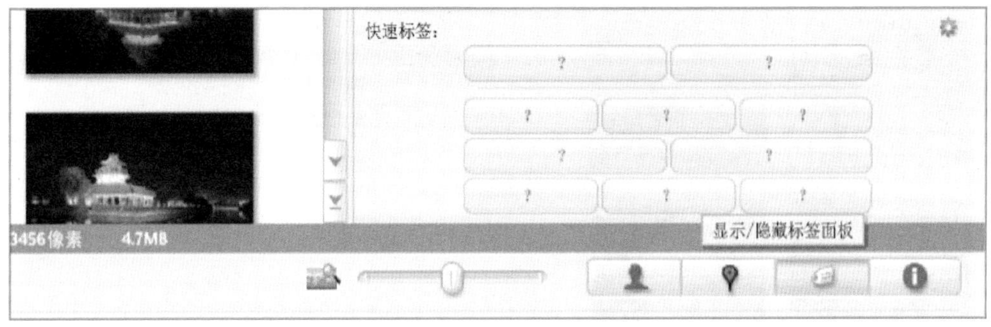

图 5-43 显示/隐藏标签面板

2．点击“？”，就会弹出“配置快速标签”对话框，如图 5-44 所示。在“配置快速标签”对话框中填入常用的、具有分类属性的词语或短语，日后会帮助你更快地找到照片、更好地管理相册。

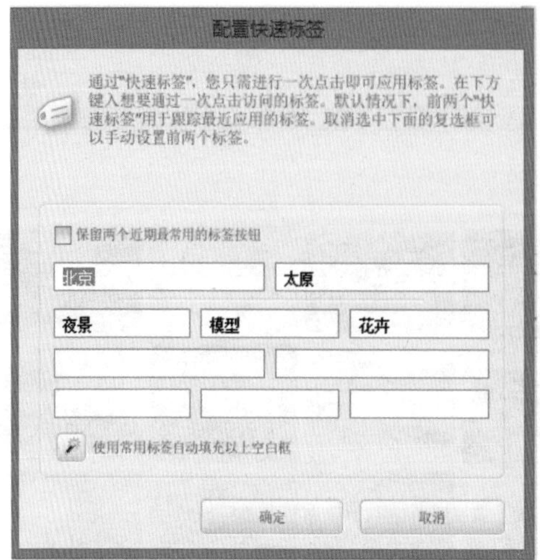

图 5-44 “配置快速标签”对话框

Picasa 为我们提供了 10 个快速标签，意味着我们可以填写 10 个常用的、分类属性的词语或短语，以便把我们的照片进行分类、归集。比如我们按拍摄地进行分类，可以在“配置快速标签”对话框中填写照片拍摄的地点，如北京、太原等；按拍摄时间进行分类，可以在该对话框中填写照片拍摄的时间，如日间、夜景等；再比如我们按拍摄主题进行分类，可以在对话框中填写照片拍摄的主题，如模型、花卉等。

配置好标签，我们就能通过标签来检索到我们需要的照片了。例如，我们选择了一张故宫角楼的夜景照片，它的标签为“北京”“夜景”。为了方便比较，我们再选两张照片，一张是天坛花卉的照片，添加“北京”“花卉”两个标签；另一张是太原晋祠的花卉照片，我们添加“太原”“花卉”两个标签。现在，就可以根据标签，进行快速搜索照片了。我们先搜索“北京”标签，如图 5-45 所示。

图 5-45 搜索“北京”标签演示

这时会出现我们之前标记过的两张照片，分别是：故宫角楼的夜景照片和天坛的花卉照片，如图 5-46 所示。

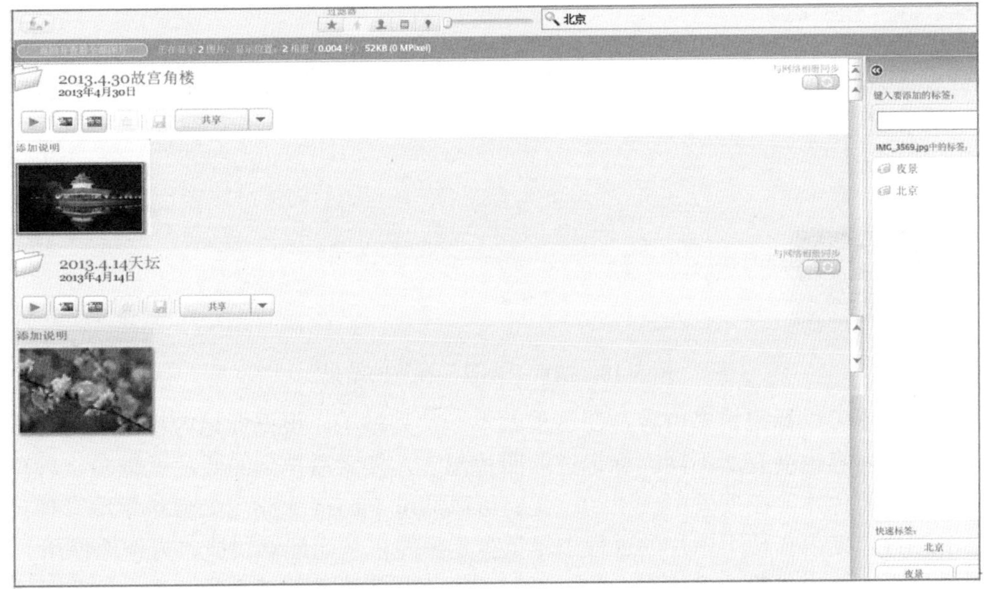

图 5-46 搜索“北京”标签结果演示

我们再搜索“夜景”标签，如图 5-47 所示，会出现我们之前标记过的一张照片，即故宫角楼的夜景照，如图 5-48 所示。

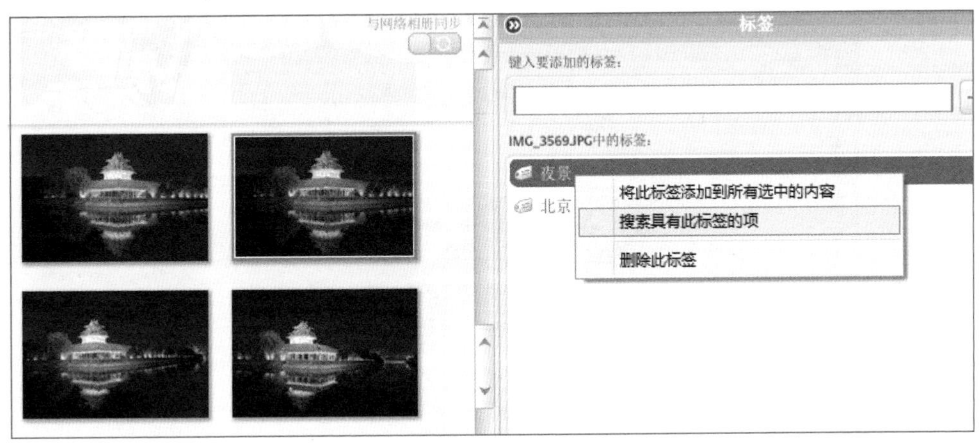

图 5-47 搜索“夜景”标签

提示 卸载 Picasa 时不会删除或损坏图片文件。图片在硬盘上的物理位置也不会发生改变。

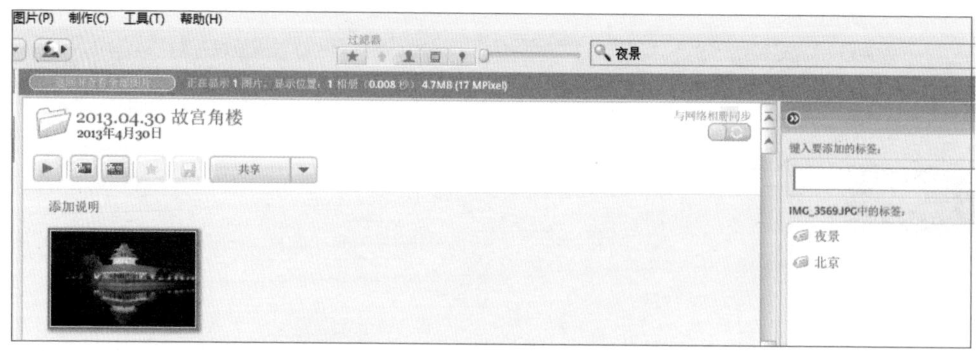

图 5-48 搜索“夜景”标签的结果

我们还可以标记很多内容，在这里就不一一列举了。根据标记内容的不同，搜索出来的内容也会有所不同。标记过的照片越多，搜索后得到的照片就越多。只有标记过的照片才能在搜索中被找到。我们可以通过 Picasa 来学习如何科学地管理自己的图片，使得在使用图片的过程中尽量少走弯路，从而能够快捷、方便地使用。

Picasa 还有人物头像识别功能，通过识别人物头像来管理人物相册，这也是个很有趣的方法。只要在一张照片上添加人物头像的名称建立联系人，Picasa 会自动搜索这个人物的其他照片、标记并建立人物相册。具体操作步骤如下：

1．单击 Picasa 右下方的“人物”按钮，即【显示/隐藏人物面板】按钮，界面右边会弹出“人物头像”对话框，如图 5-49 所示。

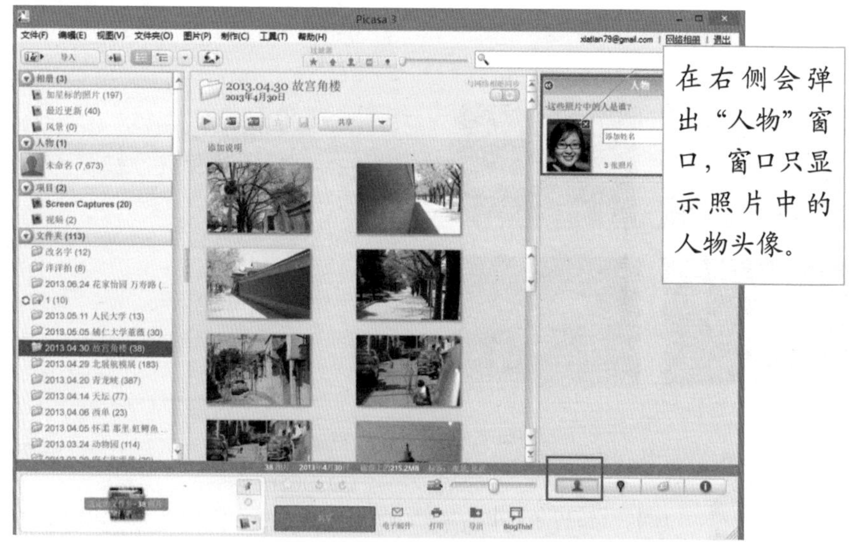

图 5-49 显示人物面板

2．在“人物头像”对话框内输入人物姓名后回车，会弹出“人物”添加对话框，如图 5-50 所示。

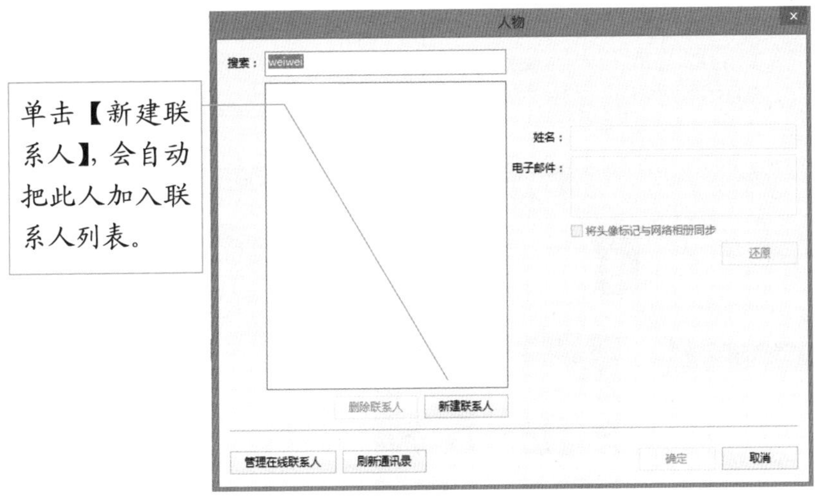

图 5-50　添加联系人

3．完善人物姓名和电子邮箱，还可将人物标记与网络相册同步，这样可以同时在你的网络相册标记出此联系人。

4．单击【确定】，就完成了对此人物的标记，回到主页面，右侧的“人物”对话框里会出现人物姓名以及在此文件夹里的照片张数，左侧的“人物”文件夹里也会相应地出现人物相册，如图 5-51 所示。

图 5-51　添加人物效果演示

点击人物相册右边的黄色问号标记，Picasa 会自动搜索出所有图片里含有此联

系人的图片等待你确认，如图 5-52 所示。你可以逐一确认并标记人物头像，Picasa 就会自动把此人物的照片放到人物相册里。当你需要寻找此联系人的某张照片时，可以在左侧的人物相册里进行寻找，也可以在搜索栏里输入人物姓名来搜索，十分便捷。

5-52　人物头像确认演示

Picasa 还提供了位置提示，点击【位置面板】，Picasa 能自动标记出此相册里图片标记的地址并显示出来，如图 5-53 所示，很人性化。

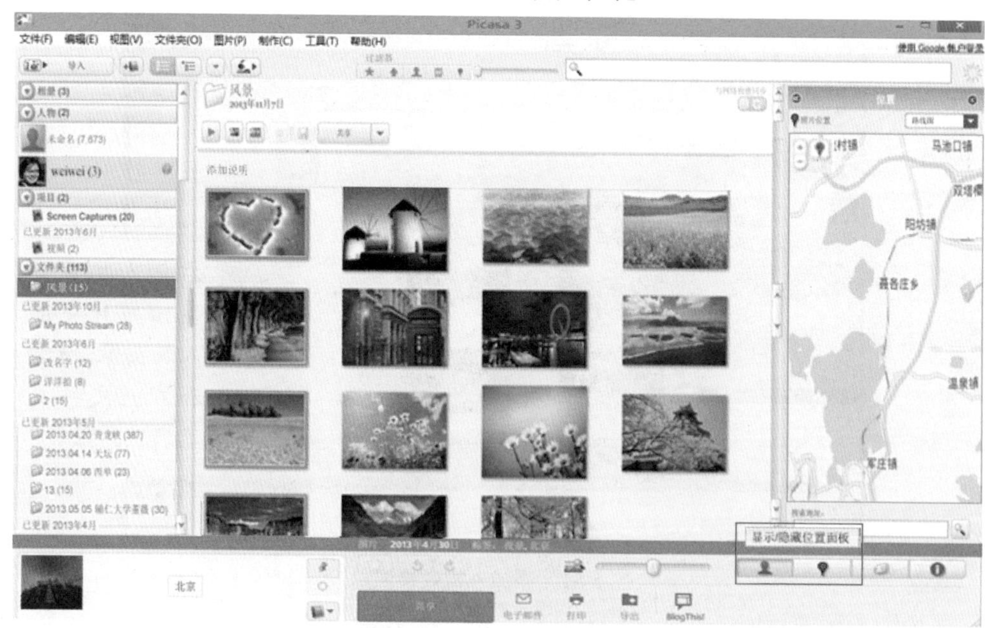

图 5-53　位置面板提示

快速导入照片

摄影爱好者每次从自己的数码相机把照片导入电脑时，需要从数码相机里打开每张图片，然后“复制”“粘贴”到自己的计算机里，过程会有点麻烦，而 Picasa 给使用者提供了快速导入的功能，可以将照片从多种来源（包括照相机、CD、存储卡、扫描仪、摄像头等）导入 Picasa。导入的照片会保存在计算机中，并会自动显示在 Picasa 中。

导入照片的步骤也很简单，具体操作如下：

1. 在 Picasa 中，点击【导入】，会弹出“导入”对话框，如图 5-54 所示。

图 5-54 “导入”对话框

2. 从顶部的“导入来源”下拉菜单中选择新照片的来源（例如照相机等）。

3. 从底部的“导入目标”下拉菜单中为新照片选择计算机上的目标文件夹。

4. 如果希望照片同时上传到 Picasa 网络相册，则选中“上传”复选框。

5. 选择要导入的特定照片，然后点击【导入选中的项】，或点击【全部导入】以导入选中的所有照片，如图 5-54 右下角红框处所示。

Picasa 提供了方便的导入和导出功能，当你有大量图片需要移动时，会相当便捷。

经过一番辛苦的工作，电子相册所有的照片也都处理完毕。这时，你心里也许还不踏实：我们的工作到底做得怎么样？电子相册看起来到底是个什么样子？那么就让我们慢慢地欣赏自己的工作成果吧！

这里，我们可以通过幻灯片或播放电影效果来欣赏电子相册；通过添加音频效果，可以声形并茂地将我们带回到美好的回忆之中。当然，还可以将这些照片上传到自己的博客里让更多的朋友一起欣赏。如果你想最终将这些数码照片永久保留下来，还可以通过彩色打印输出，以便随时欣赏。

第六章

欣赏成果　共享美图

本章学习目标

◇ 打印输出照片

介绍 Picasa 3 的打印功能。

◇ 快速导出照片

介绍 Picasa 3 的导出功能。

◇ 幻灯播放效果

学习如何制作 Picasa 3 的幻灯片效果。

◇ 电影播放效果

学习如何制作 Picasa 3 的电影效果。

◇ 用电子邮件发送照片

学习如何使用电子邮件发送照片。

◇ 制作网络相册

学习如何制作网络相册和同步网络相册。

打印输出照片

为了能更长久地保留数码照片，我们会选择将它们打印出来。Picasa 提供了便捷的照片打印服务，通过【打印】按钮，你可以使用本地或联网打印机将“照片任务栏”中的照片打印出来。与此同时，Picasa 还提供了多种打印方式，用户可以根据自己的喜好，排版设计要输出照片的大小及版面。

打印数码照片的操作步骤如下：

1．在 Picasa 中选择要打印的图片。在图 6-1 所示的主界面底部单击【打印】按钮；也可以点击【文件（F）】，出现下拉菜单，如图 6-2 所示，点击【打印（P）】命令。

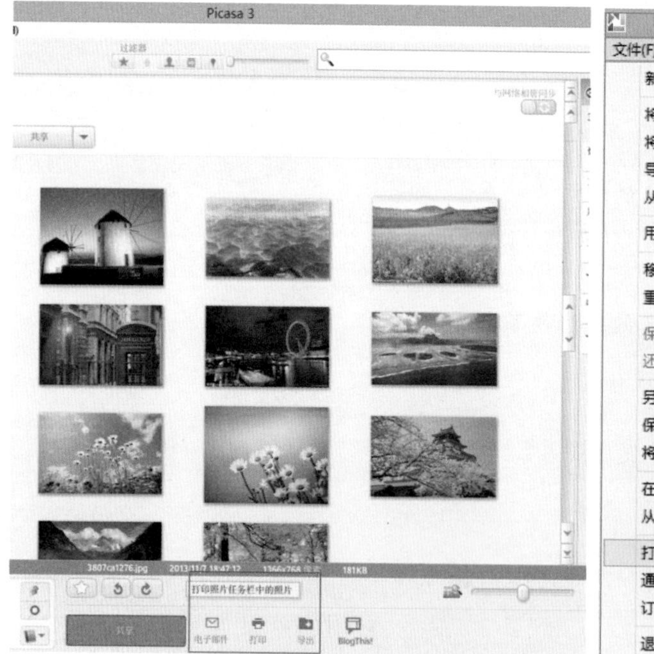

图 6-1　通过【打印】按钮进入打印操作

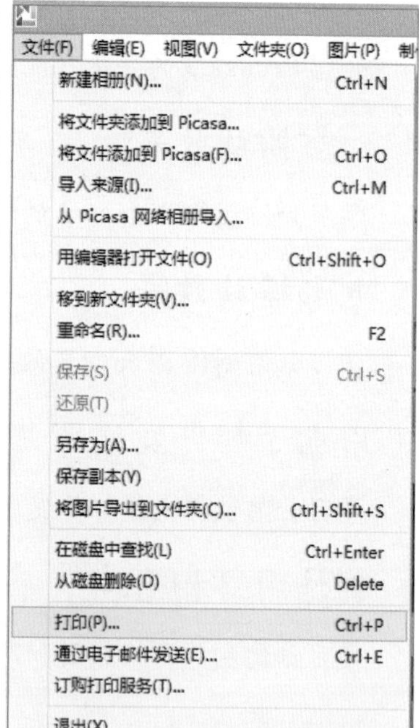

图 6-2　通过菜单进入打印操作

2．弹出如图 6-3 所示的打印界面，界面共分为三大部分，左边是打印版式的选择，尺寸模板有“5×8 厘米”“9×13 厘米”“10×15 厘米”“13×18 厘米”“20×25 厘米”和“整页显示”；界面中间是图片的预览区；右下方的【审核】键可以预览打印效果。

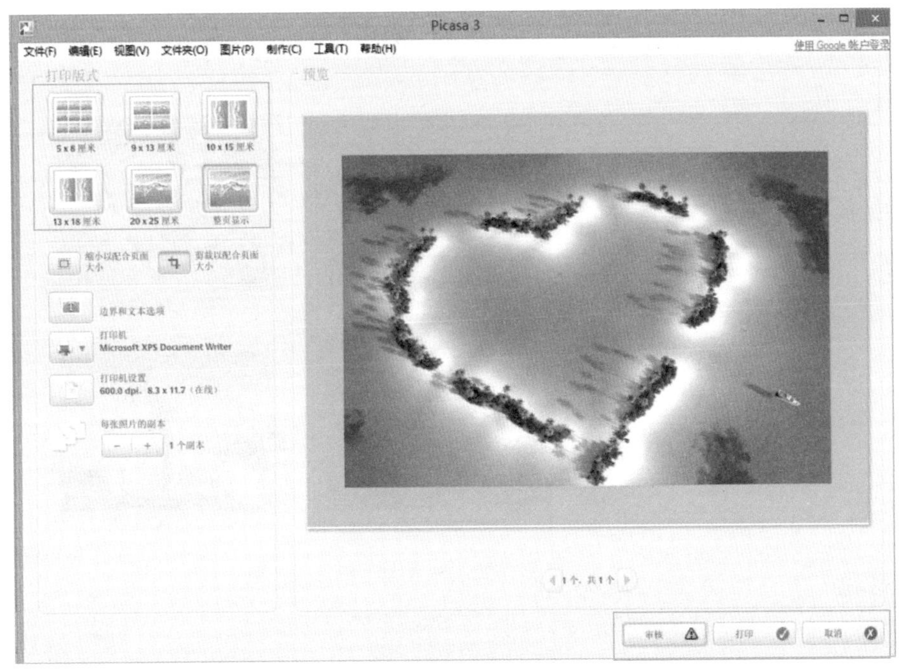

图 6-3　打印界面

3．图片大小可以有两个选择：“缩小以配合页面大小”和“剪裁以配合页面大小”，可以根据实际情况来选择图片打印的大小。

4．如果需要，还可以设置图片打印的边界和文本。

5．选择用来打印的打印机。

6．审核通过后，单击【打印】按钮，就可以开始打印了。

Picasa 提供了 6 种打印版式，用户可以像图 6-4 那样，在一页纸上打印多张图片。其版式可在“打印”屏幕左上角进行选择：

1．如果选择“5×8 厘米”，每页可打印 12 张图片。

2．选择“9×13 厘米”，每页可打印 4 张图片。

3．每页打印 2 张图片有“10×15 厘米”和“13×18 厘米”两种不同尺寸可供选择。

4．如果选择“20×25 厘米”，那么每页只可打印 1 张图片。

5．最后还提供一种整页纸打印一张照片的版式。

提示　虽然你对图片定义了标题，但在打印时 Picasa 不会将标题打印出来。

图 6-4　选择在一页纸上打印 4 张照片

从相册中选出需要打印的照片，可执行以下操作：

1. 选择要打印的图片。按住 Ctrl 键的同时一一单击所需照片，可以在相册中选择多张照片，实例中我们先从“花卉”相册中选取了 5 张照片，如图 6-5 所示。

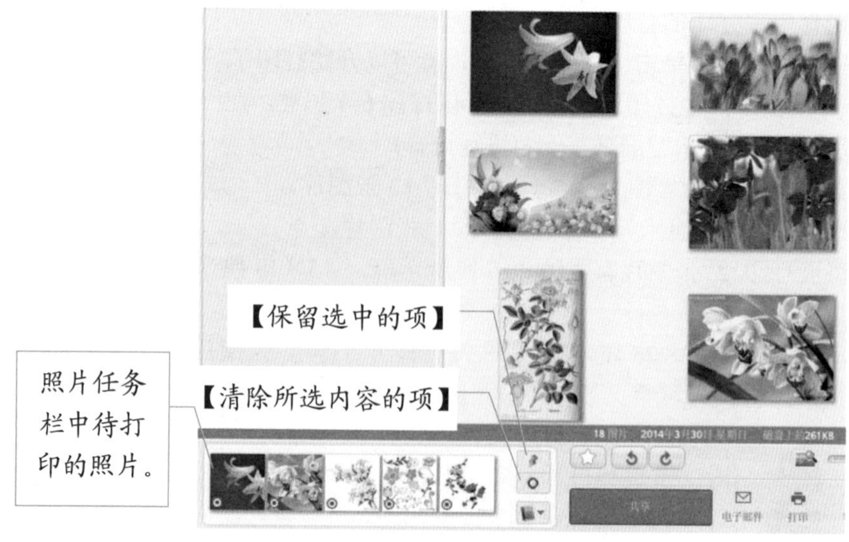

图 6-5　选中需要打印的照片

2．现在我们还要在这个打印页上添加几张照片，但它们在另外一个相册中，如在“秋游”相册中。这时，你需要进入“图片库”主屏幕打开“秋游”相册，选中所需照片，同时不要忘了单击位于屏幕下方“照片任务栏”的【保留选中的项】按钮，如图 6-6 所示。

图 6-6　在其他相册中选择照片

3．如果对已经选中的照片不满意，可以在单击它后，单击红色的【清除所选内容中的项】按钮；或者用鼠标右击该图片，在弹出的快捷菜单中选择【删除选中的图片（R）】即可将其删除，如图 6-7 所示。注意，此时的删除仅是将其从“照片任务栏”中清除而已。

4．单击“照片任务栏”里面的【打印】按钮。弹出“打印”界面，在此选择所需的尺寸版式。

5．最后单击【打印】即可将需要的图片打印出来。

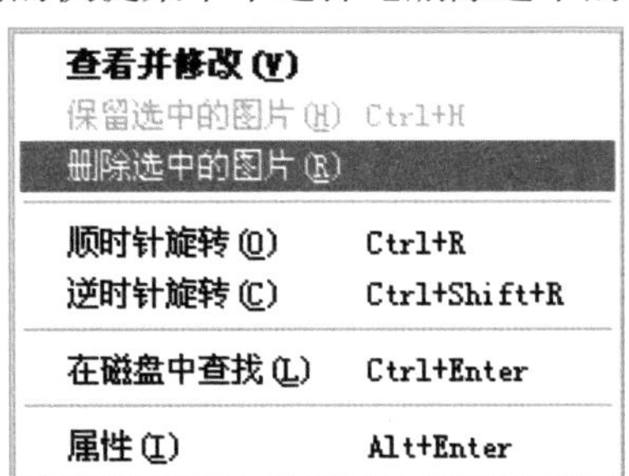

图 6-7　删除不需要的照片

Picasa 在打印设置里还提供了审核功能，单击界面右下方的【审核】按钮，会弹出“打印前审核”对话框，如图 6-8 所示。对话框里能依次看见你所选入打印的图片，以及图片的相关信息，可以再次选择你是否要打印这些图片，如果没有问题，就可以点击【确定】按钮，返回打印界面。

如果此时不需要打印图片，我们应该怎么样回到 Picasa 的主界面呢？ 注意，此时不能直接点击右上方的红色叉，否则会关掉整个 Picasa，还得重新打开。其实我们只要点击打印界面右下方的【取消】键，如图 6-9 所示，就能回到 Picasa 的主操作界面。

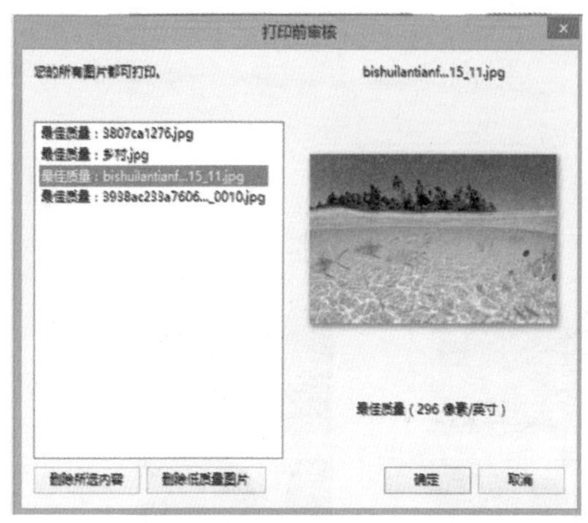

图 6-8 “打印前审核”对话框

图 6-9 返回主界面

快速导出照片

Picasa 提供了快速导出照片的功能，你可以将照片从 Picasa 导出到外接存储设备（包括照相机、存储卡、移动硬盘等）或者计算机里的其他位置。被导出的照片仍会保存在计算机中，并会自动显示在 Picasa 中。

从 Picasa 中迅速导出照片的具体操作步骤如下：

1. 点击界面下方的【导出】按钮，会有“将照片任务栏中的照片复制到硬盘上的文件夹中”的提示，如图 6-10 所示。

2. 弹出“导出到文件夹”对话框，如图 6-11 所示。

3. 在对话框中选择“导出位置”，即文件保存的路径；编辑导出文件夹的名称，可以保留原来的名字，或者另外起一个名称；还能改变图片的大小和质量；也可以给导出的照片加上水印，打上你希望的印迹。

4. 如确认上述各项操作，点击【导出】，Picasa 会自动将你选定的文件夹导出到指定的路径中，并自动打开目标路径，从而能够直接看到所导出的文件夹。

到这里，我们已经成功地将目标图片文件夹导出。Picasa 既有快速导入也有快速导出功能，十分便捷，给用户提供了相当好的使用体验。

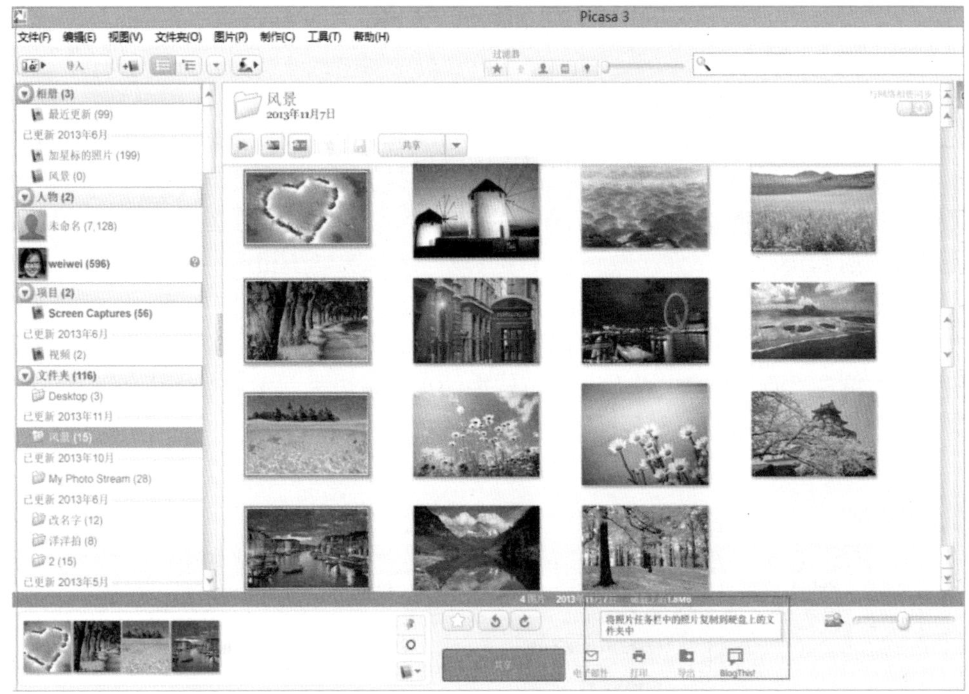

图 6-10 【导出】功能按钮

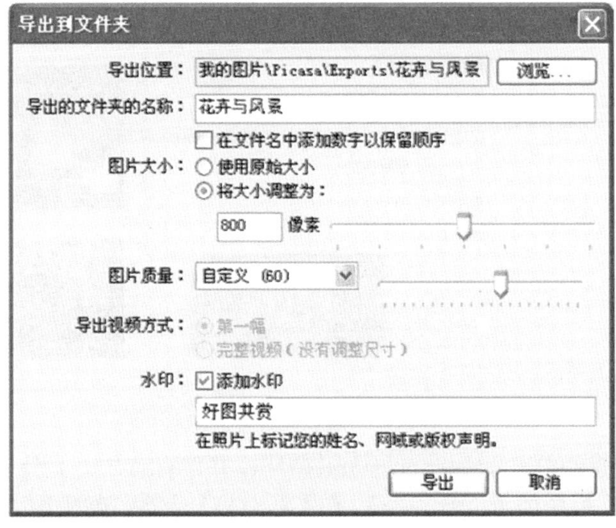

图 6-11 “导出到文件夹”对话框

幻灯播放效果

幻灯片播放是最常见的播放模式，通过设置和设计，我们可以不用动鼠标和键盘就可以像看电影一样欣赏自己的图片。Picasa 提供了幻灯片播放和制作功能。你可以通过任意组合照片来制作自己喜欢的幻灯片，还可以在播放幻灯片的同时插入自己喜欢的 MP3 音乐文件，做到“音形并茂”地欣赏电子相册。

下面我们就一起动手来制作自己喜欢的幻灯片吧。操作步骤如下：

1. 选择要进行播放的照片。若要在不同相册中选择照片，则需在切换到其他相册前，单击“照片任务栏”的【保留选中的项】按钮来保留已经选中的照片，保留后的照片会同时出现在任务栏下方。

2. 点击工具栏中的【文件夹（O）】|【观看幻灯片演示（V）】命令（图 6-12），即可播放照片。

图 6-12 观看幻灯片演示

Picasa 可以将幻灯片演示设置为无限循环，并伴有音乐。具体操作步骤如下：

1. 点击工具栏中的【工具（T）】|【选项（O）】命令，弹出图 6-13 所示的“选项”对话框。

2．在此对话框中，单击【幻灯片】标签。

3．选择“循环播放幻灯片”复选框，将使幻灯片重复播放。

4．选择“在幻灯片演示过程中播放音乐曲目”复选框，在幻灯片演示期间将从MP3文件夹播放曲目。

5．单击【浏览】按钮，会弹出“浏览文件夹”对话框，选择在幻灯片演示期间要从中播放MP3的文件夹。Picasa会将该文件夹中的音乐文件一首接一首地播放，直至幻灯片演示停止。当所选中的文件夹中最后一首MP3文件播放结束了，但幻灯片仍然演示运行时，Picasa会自动返回到文件夹中的第一首MP3音乐文件并继续播放。

图6-13 “选项”对话框

6．单击【确定】按钮保存设置。

提示 Picasa只能播放MP3文件，不能播放CD或任何其他音乐格式的文件。

图6-14 幻灯片浏览演示

在幻灯片演示过程中，你可以随时在屏幕上任意位置单击来更改播放速度。如图6-14所示，当你单击鼠标左键后，在屏幕右下角将显示幻灯片播放控制栏，可以通过点击【+】和【－】按钮来调整每张图片显示延迟的秒数。该设置的范围为1～20秒。你也可以点击控制栏中的左右旋转按钮从不同角度来欣赏图片。

电影播放效果

将静态的数码照片变成动态的电影播放，会给你带来许多意想不到的效果。Picasa 就提供了将数码照片制作成电影播放的功能，使照片应用多样化，让你自己选择素材来导演美好的回忆。不过，要想观看自己拍摄的“电影”，你的计算机上要装有 Windows Media Player 9 以上的播放器。

制作电影播放效果的操作步骤如下：

1．选择要进行播放的照片。单击图片将其突出显示，然后点击“照片任务栏”的【保留选中的项】按钮来选择其他多张照片，如图 6-15 所示。

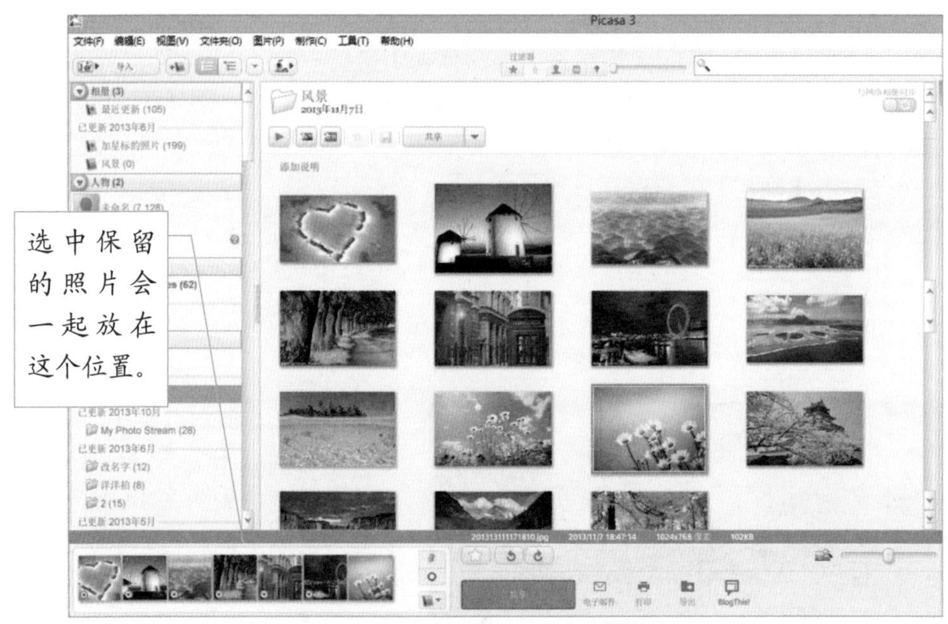

图 6-15　选择要播放的图片

2．点击工具栏中的【制作（C）】|【视频（M）】|【从所选项…】，弹出“视频制作器”界面，如图 6-16 所示。

提示　Picasa 将默用 Windows Media Player 播放视频文件。在使用播放器前要确保与 Picasa 兼容。

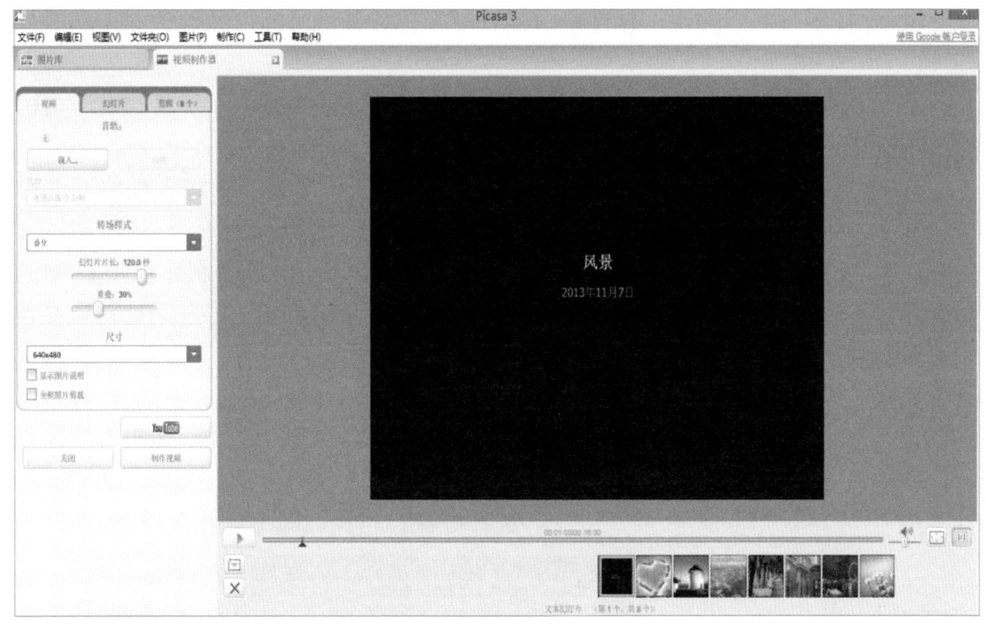

图 6-16　“视频制作器”界面

3. 在界面中点击“音轨”下的【载入…】按钮，如图 6-17 所示，弹出“打开音频”对话框，从中选择为电影播放效果准备的音频文件。选择音频文件后，选择“选项”的下拉菜单，有“截断音频”“使照片配合音频”和“循环播放照片以配合音频”三种音乐循环方式，可以根据自己的喜好来选择。

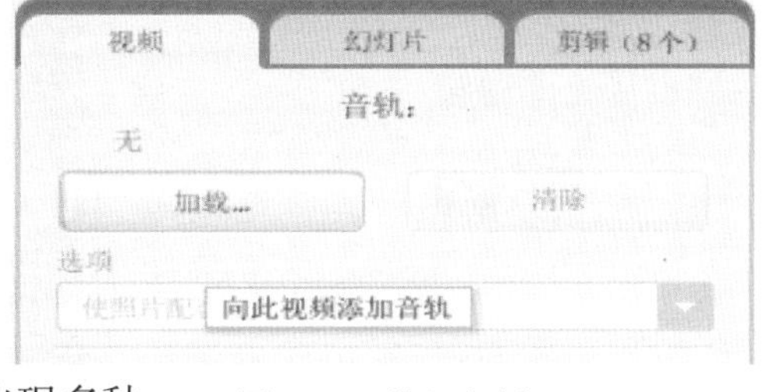

图 6-17　载入音频

4. 选择“转场样式”下拉菜单，会出现多种图片转场（更换）时的模式供选择，如图 6-18 所示。图片的更换方式多种多样会避免单调的感觉，因为在一定时间内过于单一的变化模式会使看视频的人觉得单调而没有意思，因而，更多的模式可使图片的更替变化更为丰富。

5. 选择幻灯片片长。通过左右拉动鼠标来选择图片展示的时间。图片展示的时间也要设计合理，不能过长或者过短，时间过长会显得缺乏内容，时间过短则太仓促不利于图片的展示。

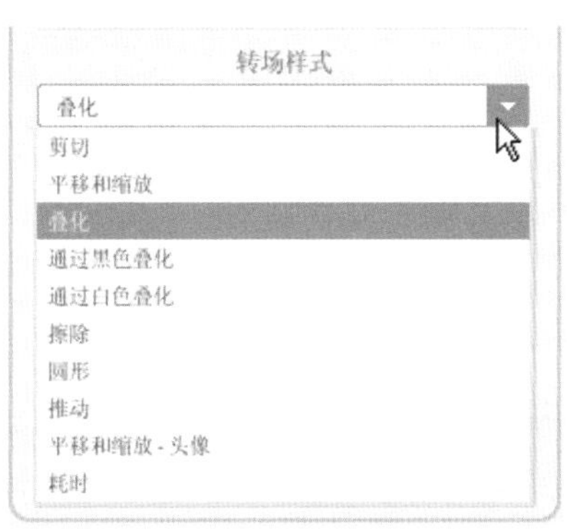

图 6-18　选择转场样式

6．选择图片的重叠率，软件会自动计算在你设计的时间内如何分布所选择的图片。

7．选择图片输出的大小，有小（320×240）、大（640×480）、宽屏幕（960×720）等多项选择。

8．最后有两个选项“显示图片说明”和“全框照片剪裁”，可根据需要进行勾选。

图 6-19 【制作视频】按钮

9．确定以后，点击【制作视频】按钮，如图 6-19 所示，Picasa 将自动处理该文件的渲染视频。

10．在Picasa 制作完视频以后，可以通过点击【播放】来预览效果。如果对效果满意的话，点击【导出剪辑】，如图 6-20 所示，选择好保存路径，即可保存此视频。

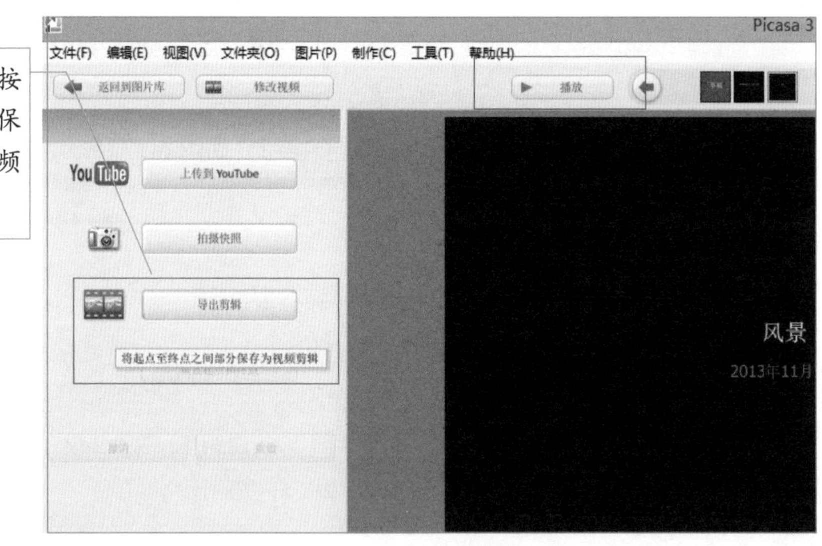

图 6-20 导出视频

用电子邮件发送照片

用电脑对图像进行后期加工与制作以产生出惊人的效果，不仅成为广告设计

师的热门手法，而且也被越来越多的“业余”摄影师们所接受和采纳，因为它比传统的摄影特技和暗房处理要方便和随意得多，设计的效果也更为丰富。

用 Picasa 对自己的照片进行精心加工，再通过电子邮件将满意的电子相册发送给亲朋好友，让大家一同分享你的照片无疑是一件快乐的事。Picasa 提供了便捷的电子邮件发布功能，让你非常容易地实现这一愿望。

下面，我们就来体验如何用电子邮件发送照片及相册。不过，在用电子邮件发送照片前，要确保计算机已经连接到互联网上，并且已经申请了一个 Gmail 邮箱。操作步骤如下：

1. 选择要发送的照片。

2. 执行【工具（T）】|【选项（O）】|【电子邮件】命令，如图 6-21 所示，在“电子邮件”标签页中选择“使用我的 Google 账户”，这样就可以使用你的 Gmail 邮箱了；还可以在此选择发送图片的大小、格式等。确定好以后单击【确定】按钮。

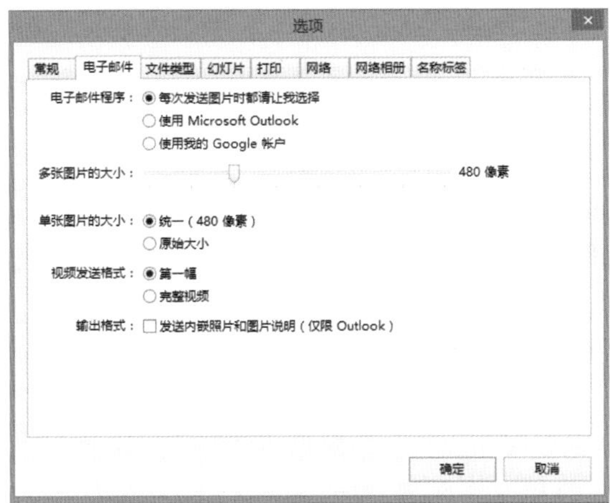

图 6-21 电子邮件选项

3. 然后，单击任务栏中的【电子邮件】按钮，会弹出询问窗口：“通过电子邮件发送文件吗？”点击【是】，就会弹出图 6-22 所示的对话框；如果你已经申请了 Gmail 邮箱，直接键入用户名和密码。

4. 单击【登录】按钮，弹出如图 6-23 所示的邮件发送对话框。在“收件人”栏中键入收件人的地址。要发送到多个地址，在“收件人”字段中的每个地址后面输入“,”(英文逗号)，就可将电子邮件发给各人了。在文本框中可以写上留言，照

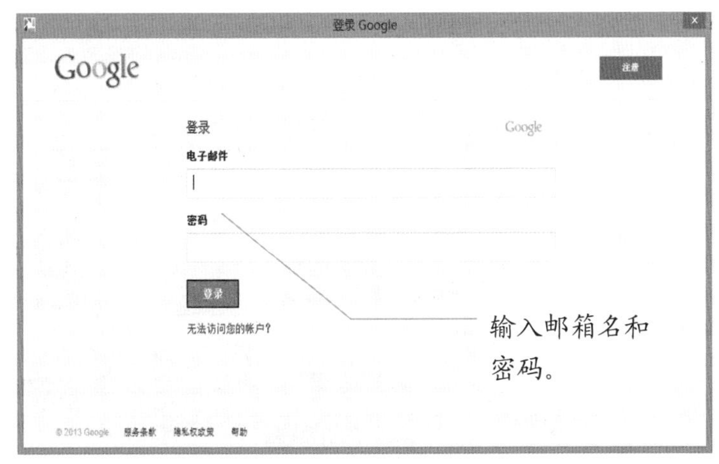

图 6-22 登录电子邮箱

片的名称、张数和总文件大小等信息也将显示于界面上。

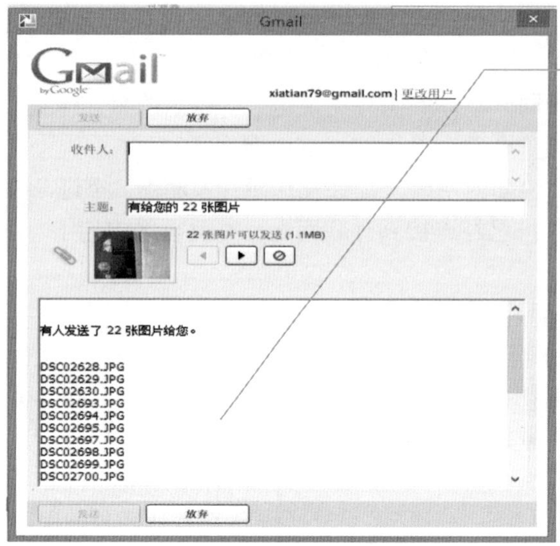

图 6-23　发电子邮件操作界面

5．如果要在 Picasa 中发送多张图片，需先选中要发送的图片，使其出现在 Picasa 的“图片任务栏”中，然后按【保留选中的项】按钮。在按【电子邮件】按钮前，对要发送的每张图片重复此操作。最后，在图 6-24 的邮件发送对话框中将显示发送图片的数目、大小及缩略图。

6．单击【发送】按钮，发送邮件。界面右下角会出现发送邮件的进度条，等进度条长满显示发送完成后，我们的邮件就发送成功了。

图 6-24　用电子邮件发送照片

在此要说明一下，Picasa 是使用 80 和 587 端口发送电子邮件的，如果防火墙阻止了在这些端口上收发信息，邮件将不会发送成功。所以，当你的邮件发送失败时，要综合考虑发送端口和网络因素等问题。

制作网络相册

你是不是急于把整理好的电子相册统统放到网络上与他人分享，做一名时下流行的“晒客”？Picasa 的网络相册是其最新功能，使你能轻松张贴和共享照片。只要经过几步简单的操作，便可将照片上传到你的相册中，实现“晒”出自己个性相册的梦想。当然，在这之前你首先要创建一个网络相册。在拥有网络相册前要保证你的计算机连接到了互联网上。下面就来体验如何制作网络电子相册，具体操作步骤如下：

1．选定要发布到网络的照片或文件夹。

2．点击任务栏的【共享】按钮，如图 6-25 所示。

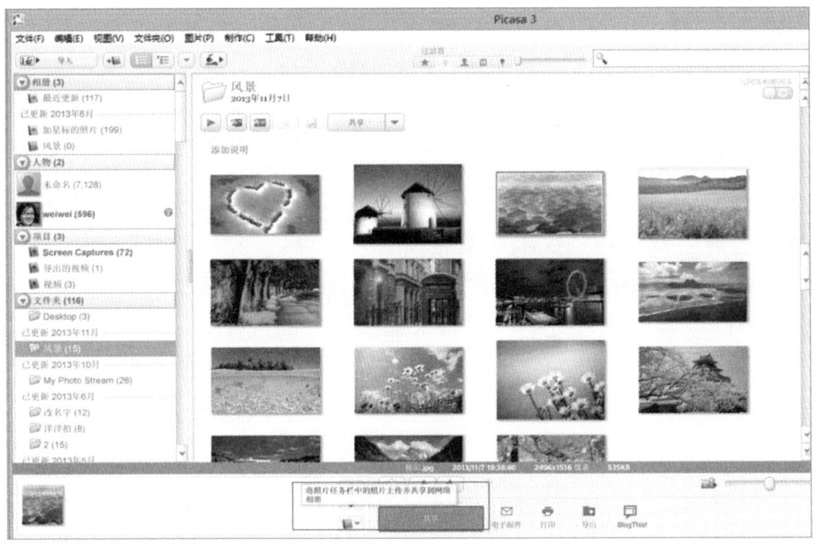

图 6-25 【共享】按钮

3．弹出登录 Google 的页面，输入邮箱名和密码，就可以登录你已经注册过的 Gmail 邮箱。

4．在电脑联网的情况下，会弹出“上传到网络相册”对话框，如图 6-26 所示。

提示　Picasa的网络相册要求计算机网络通畅，所以在使用网络相册之前，要先检查自己的计算机联网状况。

图 6-26　上传到网络相册

5. 单击【新相册】按钮，在左边的“相册标题”栏键入相册名称，并选择性地输入拍摄地点和拍摄说明。

6. 在“相册显示设置”的下拉菜单里可以选择这个网络相册的网络显示方式，如“在网上公开”或者是“仅限知道链接的人”等。

7. 在上传前要对照片尺寸进行缩减，在“图片大小”的下拉菜单中可选择“原图大小”“1600 像素”或者更小的像素来缩小图片的尺寸。

8. 可以同时用电子邮件的方式发出，还能添加分享对象。

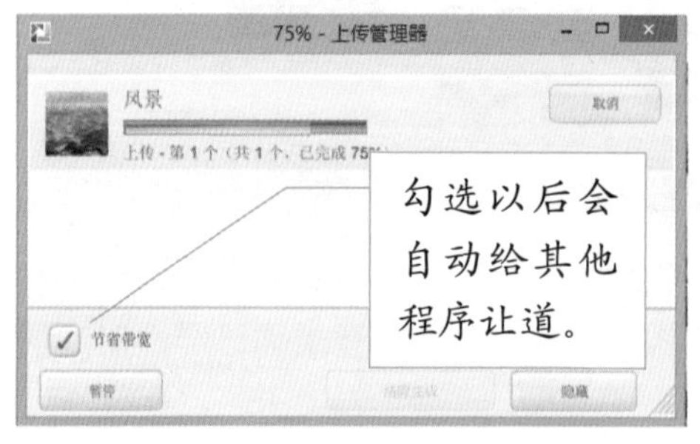

图 6-27　“上传管理器”对话框

9. 点击【上传】，弹出图 6-27 所示的“上传管理器”对话框，将照片上传至网络。

10. 照片上传完成后，若想浏览自己的照片，可点击界面上方【共享】右边的下拉按钮，如图 6-28 所示，点击【在线查看】，就会弹出 IE 浏览框显示你的网络相册，如图 6-29 所示。

图 6-28　在线查看　　　　　　　　　　　　图 6-29　网络相册

你可以继续添加照片，也可以在网络相册上操作你的图片集，整理你的相册，十分地便捷。

到这里我们就已经成功地把照片上传到自己的网络相册了。如果你想直接登录网络相册，浏览和管理网络相册，Picasa 也提供了直接的途径。Picasa 界面右上方有“使用 Google 账户登录”的快捷键，如图 6-30 所示，点击快捷键会弹出邮箱的登录界面，输入用户名和密码后，会链接到你的网络相册，这时，界面右上方会出现你的登录邮箱、网络相册和退出按钮，如图 6-31 所示。

Picasa 3 与网络相册集成紧密，可以直接登录，而不必使用 IE 浏览器。

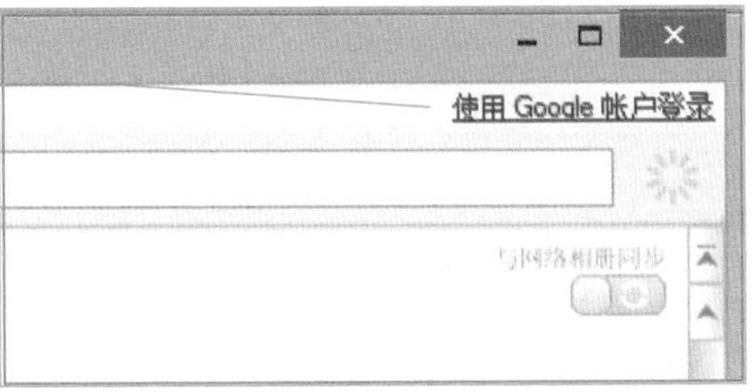

图 6-30　快捷键登录

可以在这里看出是否已经登录你的邮箱。

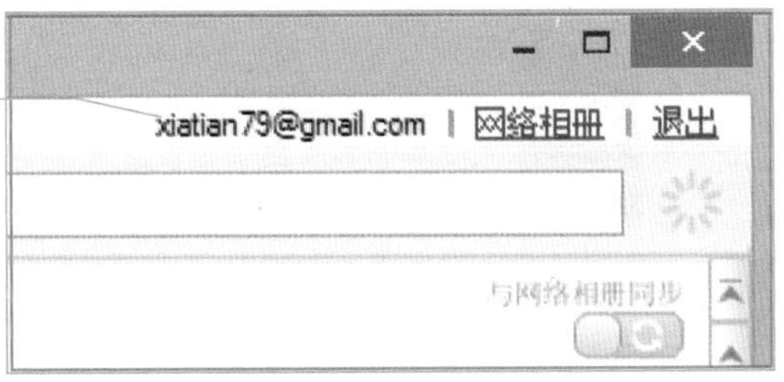

图 6-31　登录网络相册状态

每次将 Picasa 里的图片上传到网络相册，可能有些麻烦，尤其当要上传的图片很多时，会加大你的工作量。Picasa 提供了“与网络相册同步”的功能。启动该同步功能以后，Picasa 会自动将你指定的文件夹同步到网络相册。

具体来说，可以将以下更改内容从 Picasa 同步到你的网络相册：

1．照片修改（基本修正、微调和效果）。

2．添加或删除的照片。

3．添加的图片说明、标签或地理标记。

4．名称标签。

5．你硬盘上所保存的使用其他应用程序所做的修改。

6．你的照片顺序。

不过，Picasa 不能将对文件名称、文件夹或相册属性进行的更改同步到网络相册。

下面，我们就一起来启动“与网络相册同步”功能。具体操作步骤如下：

1．点击文件夹或相册顶部右侧的【与网络相册同步】按钮，如图 6-32 所示。

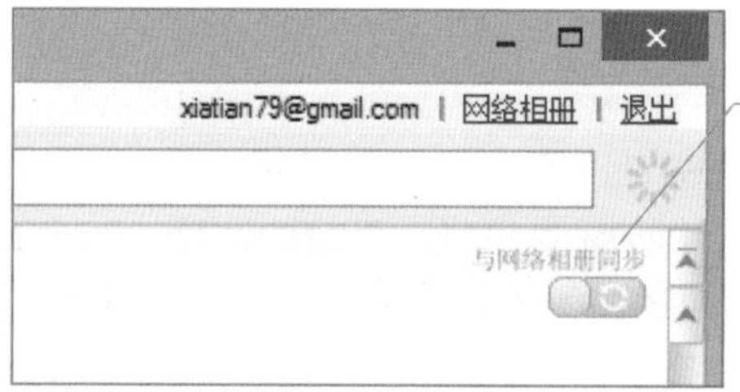

【与网络相册同步】按钮的字体呈灰色与底色较近，请仔细辨认即可找到。

图 6-32　与网络相册同步

2．弹出“将相册内容同网络相册同步”对话框，如图 6-33 所示。

3．如需更改图片大小和权限，可点击【更改设置】按钮，调整图片的设置。

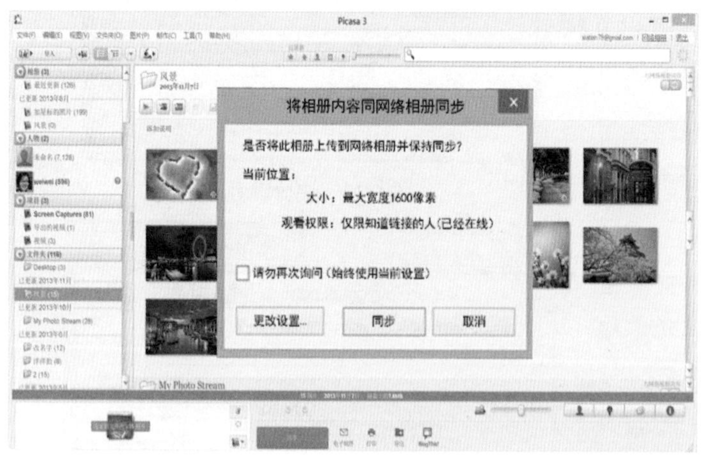

图 6-33　同步设置

4．点击【同步】按钮，相册内容会自动同步到网络相册，这时你会看到界面右侧的【与网络相册同步】按钮变为蓝色，如图 6-34 所示，表示文件夹或相册已同步。

图 6-34 同步状态演示

在达到存储空间限额后，使用“与网络相册同步”功能上传的所有超出此大小限制的新照片均会自动调整大小。

启用“与网络相册同步”后，你所做的更改只能单向同步，即从 Picasa 同步到你的网络相册。不过，你可以通过刷新在线状态来将图片说明、标签和地理标记从你的网络相册同步到 Picasa。

通过本章的内容，我们已经基本上把 Picasa 的图片管理功能介绍完毕。Picasa 除了有强大的管理图片的功能之外，也提供了丰富的图片加工和处理功能，你也可以利用 Picasa 来后期处理自己的照片，希望读者在使用中发现 Picasa 更多强大和丰富的功能。

至此，我们经过对基础理论知识的简单介绍，到数码照片的具体修改以及美化的详细阐述，再到数码照片的管理及共享的精心介绍，相信各位读者已经对如何处理自己的数码照片有了大致的了解。在个性丰富的时代，相信《光影魔术手》和 Picasa 一定能有力地帮助你美化和管理好自己的照片，使它们的表现力更为丰富并能与更多的人分享。心动不如行动，快行动起来吧！